初心者のための環境評価入門

栗山浩一・柘植隆宏・庄子 康

勁草書房

まえがき

環境評価とは

　環境はわれわれにさまざまな恵みを与えてくれる．しかし，環境には市場価格がないため，市場経済においては「タダ」であるかのように扱われることがある．環境がわれわれにとってどれだけ大切なものであるかを理解するためには，環境が経済的にどれだけの価値を持っているかを示すことが重要である．このため，環境経済学の分野では，環境の価値を経済的に評価するための手法が開発されてきた．環境の価値を経済的に評価することを環境評価と言い，そのための手法を環境評価手法と言う．

　環境問題に対する社会的関心が高まったことを背景に，環境評価の研究が急速に進んでいる．そして今日では，さまざまな環境政策に環境評価が本格的に使われるようになったことから，環境問題に取り組む多くの人々にとって環境評価を学ぶことが不可欠となっている．

本書の目的

　本書の目的は，これまで環境評価を学んだことがない人でも，本書を読むだけで環境評価を実践できるように，環境評価手法をわかりやすく解説することである．環境評価手法の基礎的な理論をわかりやすく解説するとともに，調査設計からデータ分析までの環境評価の手順を，サンプルデータと統計分析用の Excel シートを使って具体的に解説する．従来のテキストは，環境評価手法の概要のみを示したものや経済理論を解説したものが多く，調査票の設計，アンケート調査の実施，統計分析などの環境評価の手順を詳しく

解説したものは少なかった．このため，環境評価を自分で実施しようとしたときに，従来のテキストを読むだけではわからないことも多く，調査に行き詰まることも見られた．本書は，調査設計からデータ分析まで，環境評価の具体的な手順の理解を意図して作られた新しいタイプのテキストである．

本書の特徴

本書には，従来の環境評価のテキストとは異なる以下のような特徴がある．

1. 主要な環境評価手法をすべて取り上げている
   第1に，本書は主要な環境評価手法をすべて取り上げている．環境評価手法には，顕示選好法と表明選好法があるが，これまでに国内で出版されている初心者向けのテキストの多くは表明選好法のみを取り上げている．このため，初心者が環境評価の全体像を理解するのは容易ではない．これに対し，本書は顕示選好法と表明選好法の両方のアプローチを取り上げている．
2. 近年の研究動向を反映している
   第2に，本書は近年の研究動向を反映している．環境評価の初心者向けのテキストの多くは1990年代後半から2000年代に刊行されており，従来のテキストを読むだけでは最新の環境評価手法を学ぶことはできない．本書では，従来のテキストで取り上げられることの少なかったコンジョイント分析についても丁寧に解説している．また，第13章では，中級者向けのテキストへの橋渡しとなるよう，最新の研究トピックを紹介している．
3. サンプルデータを使って具体的な分析手順を詳しく解説している
   第3に，本書ではサンプルデータを使って，具体的な分析手順を詳しく解説している．環境評価では，調査票の設計，アンケート調査の実施，統計分析などさまざまな作業が必要であるが，本書では，読者がこれらの手順を実際に体験できるよう，サンプルデータと練習問題，

そしてそれらを解析するためのExcelシートを用意している．読者は次ページに示す著者のウェブサイトよりこれらをダウンロードし，統計分析を体験することで，環境評価の具体的な分析手順を理解することができる．

> 栗山浩一のウェブサイト「環境経済学（栗山研究室）」
> http://kkuri.eco.coocan.jp

4. 経済学の専門知識がなくても理解できるように工夫している

　第4に，本書は経済学の専門知識がなくても読み進めることができるように工夫している．今日では，経済学部の学生あるいは経済学部出身の人々だけでなく，さまざまな人々が環境評価に関心を持っている．そこで，経済学部以外の学部で環境問題を学んでいる学生，環境評価の実務を担当する行政担当者やコンサルタント，さらには環境問題に関心を持つ市民など，経済学を専門に学んでいない人でも読み進めることができるよう，経済学の専門用語の使用を最小限にとどめた．一方で，本書を読むうえで必要になる経済学の概念は第2章で丁寧に解説した．また，経済学を専門に学ぶ人以外にとっては，難解な数式が環境評価を学ぶうえでのハードルとなることがあるため，数式はほとんど使用せず，図表を用いて説明をしている．

5. 豊富なコラムで関連トピックや実証研究を紹介している

　第5に，本書では豊富に「コラム」を設け，本文に関連するさまざまなトピックを紹介している．例えば，現実の社会で環境評価がどのように使われているのかといったことや，環境評価をめぐって行われた論争，さらに実際に環境評価を行ううえでの注意点や重要な実証研究などを取り上げている．読者はコラムを読むことで，本文の内容をより深く理解することができるであろう．

本書の読み方

　本書は，大学の半期科目15回の講義で，すべての章を読み終わるように構成されている．したがって，講義で本書を使用する場合には，毎回の講義で1つの章を読み進めていくことで，環境評価の全体像を理解することができる．経済学部以外の講義で本書を使用する場合は，ミクロ経済学の概念をしっかりと理解してから環境評価手法の章に進むために，ミクロ経済学のテキストなどで補足しつつ，第2章を2回に分けて学ぶことも考えられる．その場合，第13章は省略してもかまわない．また，第6章の内容は比較的難易度が高いため，環境評価を初めて学ぶ場合にはこの章を省略してもかまわない．

　各章の最初には，「この章のポイント」を設けて，その章で学ぶ内容を要約している．また，各章の最後には，理解度を確認するための練習問題を用意した．巻末には解答を掲載してあるので，復習などに利用してほしい．また，本書は教室内講義と，コンピュータを用いた実習のどちらでも対応できるように配慮した．各章の「分析の手順」では，データを使って実際の分析手順を具体的に解説している．教室内講義で本書を使用する場合には，この部分を分析事例として，それぞれの手法を使った分析の具体的なイメージを理解することができるであろう．一方，コンピュータを用いた実習では，解説にしたがってサンプルデータを使った統計分析を体験することで，実際の分析手順を学ぶことができるであろう．

　本書の最大の特徴は，サンプルデータとExcelシートを使って，誰でも環境評価を体験することができることである．その体験を通して，多くの人に環境評価のおもしろさを実感してほしい．そして，1人でも多くの人が次のステップへと進むことを，著者一同強く願っている．

2012年12月
栗山 浩一・柘植 隆宏・庄子 康

謝辞

　本書の執筆にあたっては，多くの方々の協力を得た．筆者たちはこれまでに大学で環境評価に関する講義を行ってきたが，講義を受けた学生のみなさんからいただいた講義内容に対する意見は，本書を執筆するうえでとても参考になった．また，本書にはこれまでに筆者たちが多くの研究者と共同で行ってきた研究の成果も含まれている．

　最後に，勁草書房の宮本詳三氏には，本書の企画の段階から多くのアドバイスをいただいた．氏のご協力とご支援がなければ，本書は完成しなかったであろう．ここに深く感謝の意を表したい．

目　次

まえがき

第 1 章　環境の価値と環境評価手法　　3
1.1　はじめに　　3
1.2　エクソン・バルディーズ号の原油流出事故　　4
1.3　環境の価値と環境評価　　10
　　　🍃 コラム 1：生態系と生物多様性の経済学　　16
1.4　各章の概要　　17
1.5　練習問題　　21

第 2 章　環境評価手法の理論　　23
2.1　はじめに　　23
2.2　効用と無差別曲線　　24
2.3　支払意志額と受入補償額　　28
　　　🍃 コラム 2：支払意志額と受入補償額の乖離　　34
2.4　練習問題　　36

第 3 章　代替法　　39
3.1　はじめに　　39
3.2　手法の概要　　40
3.3　分析の手順　　42
3.4　調査設計　　49
　　　🍃 コラム 3：野生鳥獣保護機能と代替法　　51
3.5　練習問題　　53

第 4 章	ヘドニック法	55
4.1	はじめに	55
4.2	手法の概要	56
4.3	分析の手順	62
4.4	調査設計	66
	コラム 4：多重共線性の問題	70
4.5	練習問題	72

第 5 章	トラベルコスト法：シングルサイトモデル	75
5.1	はじめに	75
5.2	手法の概要	76
5.3	分析の手順	80
5.4	調査設計	86
	コラム 5：少なからぬ機会費用の影響	89
5.5	練習問題	91

第 6 章	トラベルコスト法：マルチサイトモデル	93
6.1	はじめに	93
6.2	手法の概要	94
	コラム 6：条件付きロジットモデル	96
6.3	分析の手順	100
6.4	調査設計	103
	コラム 7：条件付きロジットモデルの限界	106
6.5	練習問題	108

第 7 章	仮想評価法：手法の概要	109
7.1	はじめに	109
7.2	仮想評価法の特徴	110
7.3	仮想評価法の質問	112
7.4	バイアスとその対策	117

　　　　　　　　　　　　　　🍃 コラム 8：スコープテスト ． ． ． ． ． ． ． ． 123
　　　　　　　　　　　　　　🍃 コラム 9：オハイオ裁判 ． ． ． ． ． ． ． ． ． 127
　　7.5　　練習問題 ． 130

第 8 章　仮想評価法：分析の手順　　　　　　　　　　　　　　　　　　131
　　8.1　　はじめに ． 131
　　8.2　　自由回答，付け値ゲーム，支払カード形式の分析 ． ． ． ． ． 132
　　8.3　　二肢選択形式の分析 ． ． ． ． ． ． ． ． ． ． ． ． ． ． ． ． ． ． ． 133
　　8.4　　「Excel でできる CVM」による分析 ． ． ． ． ． ． ． ． ． ． ． 137
　　　　　　　　　　　　　　🍃 コラム 10：ダブルバウンドの下方バイアス ． ． ． 145
　　8.5　　練習問題 ． 148

第 9 章　仮想評価法：調査設計　　　　　　　　　　　　　　　　　　　149
　　9.1　　はじめに ． 149
　　9.2　　評価対象の情報収集 ． ． ． ． ． ． ． ． ． ． ． ． ． ． ． ． ． ． ． 150
　　9.3　　プレテストの実施 ． 161
　　　　　　　　　　　　　　🍃 コラム 11：フォーカス・グループの実施 ． ． ． ． 164
　　9.4　　本調査の実施 ． 168
　　9.5　　練習問題 ． 174

第 10 章　コンジョイント分析　　　　　　　　　　　　　　　　　　　175
　　10.1　　はじめに ． 175
　　10.2　　手法の概要 ． 176
　　10.3　　分析の手順 ． 186
　　10.4　　調査設計 ． 191
　　　　　　　　　　　　　　🍃 コラム 12：仮想評価法と選択型実験の比較 ． ． ． ． 199
　　10.5　　練習問題 ． 201

第 11 章　リスクの経済評価　　　　　　　　　　　　　　　　　　　　203
　　11.1　　はじめに ． 203

11.2	リスクの経済評価の概要	204
	🌿 コラム 13：統計的生命の価値の高齢者割引	207
11.3	ヘドニック賃金法と仮想評価法による評価	208
	🌿 コラム 14：仮想評価法による統計的生命の価値の評価	216
11.4	練習問題	218

第 12 章　費用便益分析　　219

12.1	はじめに	219
12.2	費用便益分析の概要	220
	🌿 コラム 15：エルワダムの撤去	228
12.3	費用便益分析の具体的な適用例	231
12.4	練習問題	239

第 13 章　その他のトピックス　　241

13.1	はじめに	241
13.2	環境評価研究の動向	242

補論　Excel でできる環境評価　　253

はじめに	253
準備	254
Excel でできる CVM	255
Excel でできるトラベルコスト（カウントモデル）	259
Excel でできるトラベルコスト（マルチサイトモデル）	261
Excel でできるコンジョイント（選択型実験）	262

練習問題の解答　　267

さらなる学習に向けて　　275

参考文献　　279

索　引　283

著者紹介　287

初心者のための環境評価入門

第1章

環境の価値と環境評価手法

►►►►► はじめに ◄◄◄◄◄

　環境評価は環境の価値を経済的な観点から評価する試みである．環境評価を行うための手法は環境評価手法と呼ばれている．この章では，はじめに環境の価値を経済的に評価する試みにどのような意味があるのか，実際にあった原油流出事故を例に考えていきたい．そのうえで，われわれが環境から得ているさまざまな価値について整理し，それぞれの価値を評価するためにどのような手法があるのかを紹介したい．環境の価値とは何であるか，それはどのように定義できるかについては次章で詳しく紹介する．

> **この章のポイント**
> - 環境の価値とそれを経済的に評価する意味を理解する.
> - 環境の価値と市場メカニズムとの関係を理解する.
> - 環境が持つ価値の分類（利用価値と非利用価値），そしてそれらに対応した環境評価手法について理解する.
> - 環境評価手法で得られた結果がどのように活用されるのかを理解する.

エクソン・バルディーズ号の原油流出事故

　環境の価値は言うまでもなく重要である．大気や海洋の物質循環，熱帯雨林などの地球規模の環境から，近くの森林や河川，雑木林などの身近な環境まで，われわれは環境からさまざまな恵みを受けている．ただ，重要であるがゆえに，ことさら環境の価値を経済的に評価する意味を理解できない人もいるかもしれない．本書では，はじめに実際に起こった原油流出事故を例に，環境の価値とそれを経済的に評価する意味について考えてみたい．

原油流出事故の概要

　エクソン・バルディーズ号の原油流出事故は，1989年にアメリカ・アラスカ州のプリンス・ウィリアム湾で発生した．プリンス・ウィリアム湾の奥には，原油の積み出し港のあるバルディーズがある（図1.1）．北極海沿岸に位置する同国最大のブルドーベイ油田から，パイプラインによって運ばれた原油は，ここでタンカーに積み出されることになる．

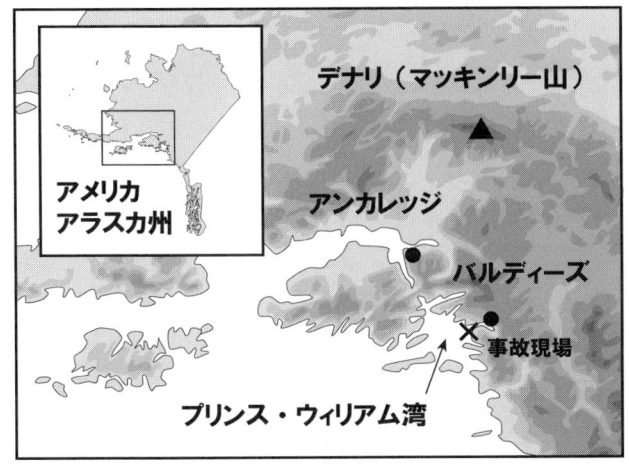

図 1.1　プリンス・ウィリアム湾と事故現場

　この事故は，エクソン社のタンカー「バルディーズ号」がプリンス・ウィリアム湾内で暗礁に乗り上げ，およそ 4,000 万 ℓ もの原油を流出させたものである．事故現場は人里離れた場所にあったため，直接的な人的被害はなかったが，アラスカ産のニシンやサケなどの水産物には大きな漁業被害が生じることとなった．さらにこの事故は，海洋生態系にも重大な影響をもたらした．40 万羽のウミガラス，900 羽のハゲワシ，5,000 羽のマダラウミスズメ，300 匹のゴマフアザラシ，3,000 匹のラッコなどが死亡したとされている（栗山，1997）．

生態系の価値と市場メカニズム

　この事故に対して，エクソン社は 20 億ドル以上をかけて原油の除去を行い，加えて水産業者や地域住民，州政府，連邦政府に対して多額の賠償金を支払うこととなった．その中で大きな議論となったのが，破壊された海洋生態系や死亡した野生動物に対する損害をどのように評価するかであった．
　ニシンやサケなどの漁業資源に与えた影響は，販売できたであろう漁業資

源とその市場価格に基づいて，その損害を評価することができる．図1.2は消費者と自然，そして市場との関係を示している．消費者は水産物を購入し，それによって満足感を得ている．

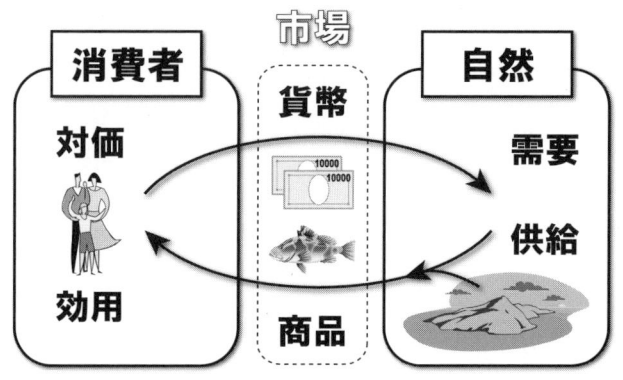

図1.2　漁業資源と市場メカニズム

　この満足感のことを経済学では効用と呼んでいる（効用については次章で詳しく述べる）．一方で，消費者は効用が増大したことに対して，水産業者に貨幣によって価格分の対価を支払っている．水産物の需要量と価格には，需要量が増加（減少）すれば価格が上昇（下落）するという関係がある．ただし，需要量が増加（減少）すれば生産量が増加（減少）し，生産量が増加（減少）すれば価格が下落（上昇）するという関係もある．このような一連のしくみを「市場メカニズム」，やり取りの行われる場所を「市場」と呼んでいる．ただし，ここで使われている市場という言葉は，卸売市場のような，地理的・空間的な特定の場所を指すわけではなく，一連のやり取りの行われる場を指す概念である．ニシンやサケなどの漁業資源に関しては市場メカニズムが存在しており，市場で決定される価格である市場価格も存在している．

　一方，海洋生態系についてはどうであろうか．海洋生態系は商品やサービスとして市場で取引されているものではない．市場価格も存在していない．例えば図1.3は，アザラシやラッコが生息するような海洋生態系が存在して

いる事実と市場メカニズムとの関係を示している．このような状況において，確かにアザラシやラッコが生息しているという事実は，市場で取引される商品やサービスではないが，価値がないわけではない．商品やサービスが手元になくても，われわれは「そこにアザラシやラッコが生息している」という事実から満足感を得ているのである．つまり，市場を通さずに直接効用が増大するという恩恵を受けている．

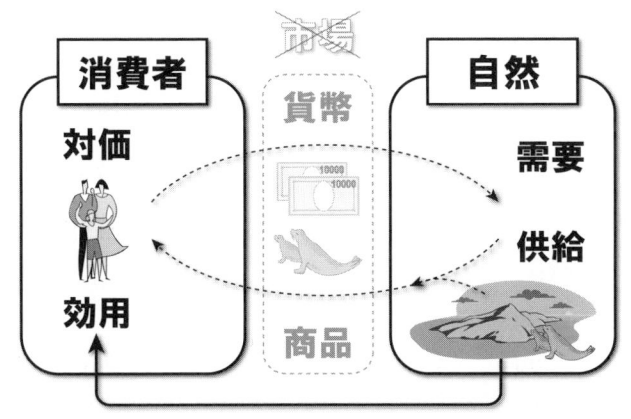

図 1.3　アザラシやラッコが生息していることと市場メカニズム

この場合，漁業資源のように，損害を市場価格に基づいて計算することはできない．アザラシやラッコが生息しているという事実は市場において取引されていないため，市場価格が存在しないからである．しかし，生息地の喪失によって効用が低下しないわけではない．市場を通さずに，われわれの効用が直接低下するのである（図1.4）．

損害額が明らかになっていないものには賠償金を支払うことができないというのが，この原油流出事故におけるエクソン社の基本的な立場であった．そこで検討されたのが，第7章から紹介する「仮想評価法」という環境評価手法の適用であった．確かに，アザラシやラッコの生息地が喪失したことに

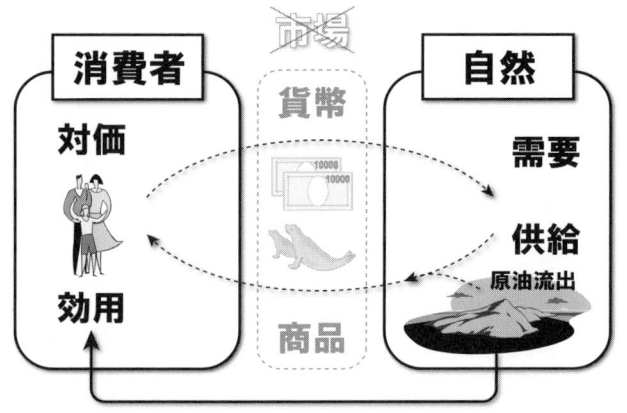

図 1.4　アザラシやラッコが生息していることと原油流出事故

対する損害額を直接評価することは不可能である．アザラシやラッコの生息地が喪失しても，市場が存在しないので，金銭のやり取りはどこにも発生していないからである．しかし，仮にアザラシやラッコの生息地を復元するプロジェクトが立ち上がり，その資金をまかなうために基金が創設されたらどうであろうか．少なからぬ金額が基金に集まることになるはずである．そのお金は原油流出事故がなければ必要なかったことを考えれば，それはアザラシやラッコの生息地が存在していることの価値の1つの測り方であると言えるだろう．これは「アザラシやラッコの生息地を復元するプロジェクト」という商品をしつらえて，それを市場で取引したことに他ならない（図 1.5）．もし実際に復元プロジェクトが実施されるならば，市場を通じて得られた貨幣は，実際の生息地復元に使われ，それによってわれわれの効用は増大するからである．このような形で，「アザラシやラッコの生息地を復元するプロジェクト」に対する評価額が明らかになれば，そこから損害額を評価することが可能となる．

　エクソン・バルディーズ号の原油流出事故を受け，実際に行われた仮想評

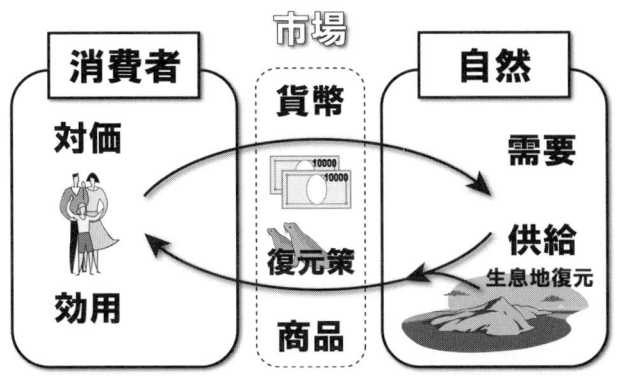

図 1.5　生息地の復元策を市場で販売する

価法による調査では，今後同じような原油流出事故を発生させないように，タンカーに護衛船（エスコートシップ）を伴わせることを義務づける保全策への評価額が推定された．護衛船を伴わせることには費用が発生するが，そのことで海洋生態系もそこに生息する野生動物も保全されることになる．言わば，タンカーに護衛船を伴わせるという商品に，人々はどのような価値付けを行うかが調査されたのである．具体的には，回答者に次のような質問がなされた（Carson et al., 2003）．

> これから 10 年間にわたって，エスコートシップによって原油流出事故を未然に防ぎ，生態系を保護することが検討されているとします．この保護策を実施するためには，あなたの世帯の税金が今年だけ＿＿＿＿＿＿ドル上昇するとします．あなたはこの保護策に賛成ですか，それとも反対ですか？

下線部には，10・30・60・120 ドルのどれかの金額がランダムに入り，回答者はその金額に対して，賛成か反対かを表明することになる．このような調査に基づき，人々の支払意志額は中央値（1 世帯あたり）で 30 ドルと評価

された（中央値とは，回答者を支払意志額が小さな回答者から大きな回答者の順に並べ替えたときの，真ん中の回答者の支払意志額である．推定方法は第 8 章で詳しく紹介する）．これに全米の世帯数を掛けると，総額は 28 億ドルとなった．タンカーに護衛船を伴わせることで，生態系を保護することにこれだけの価値があることが明らかになったのである．この評価結果は，原油流出事故の訴訟でも参考にされることとなり，最終的にエクソン社は，生態系破壊に対して追加的に約 11 億ドルの賠償金を支払うこととなった（ただし，現在ではこの賠償額は軽減されることが決まっている）．

　もちろん環境の価値を経済的に評価することで，エクソン・バルディーズ号の原油流出事故で失われたものが戻るわけではない．しかし，賠償金によって環境を復元するための原資を確保することが可能となった．また，生態系を破壊した者には破壊の度合いに応じた賠償金が科せられることが明確になり，幅広い分野で，より環境に配慮した生産活動が意識されるようにもなった．重要なことは，市場価格がないためタダ同然に扱われていた環境の価値が，環境評価手法によってタダではないことが明確に示されたことである．

環境の価値と評価手法

　環境の価値を経済的に評価する意味を理解したうえで，次はわれわれが環境から得ている価値について整理してみたい．そして，それぞれの価値を評価するための環境評価手法についても整理していきたい．ここでは日本の干潟を例に考えてみたい．

　過去 50 年の生物多様性の状況を評価した「生物多様性総合評価」が，国際生物多様性年である 2010 年に発表された．そこでは，これまでに人間活動によって生態系が大きく損なわれてきたことがさまざまな指標とデータに

よって示されている．過去 50 年間で最も大きな生物多様性の損失要因は，高度経済成長期に行われた開発・改変であった．

この中で，特に損失が大きいと指摘されている沿岸・海洋生態系について考えてみたい．沿岸域は宅地や工業用地に適しているため，特に開発・改変が進んできた．東京湾や大阪湾では大半の干潟が失われ，瀬戸内海や伊勢湾でも多くの干潟が失われた．高度経済成長期には工業用地の確保が課題であったため，遠浅で開発のしやすい干潟が格好の開発対象とされてきたのである．干潟は海岸部や河口部に泥や砂が堆積してできた土地であり，農業にも適していない．そのため，当時は工業用地以外にはあまり価値のあるものとは考えられていなかった．このような開発・改変により，1945 年以降，干潟面積はその約 40% が消滅している（表 1.1）．

表 1.1 沿岸生態系の変化

年	1945	1978	1984	1990	1995
干潟の面積（km^2）	841	553	—	514	496
藻場の面積（km^2）	—	2,096	—	2,012	1,455
自然海岸の延長（km）	—	18,717	18,155	17,859	17,414

出典：生物多様性総合評価報告書（2010）より作成

しかし，本当に干潟が干潟として存在することに価値はないのであろうか．当時は気づかなかったが，今から見れば干潟に対する認識と理解は残念ながら不十分だったと言えるだろう．干潟がどのような機能を持ち，そこからわれわれがどのような恩恵を被っているのか，もう一度考えてみたい．

環境の価値：干潟を例に

環境評価手法は環境経済学と呼ばれる学問分野で研究が行われている．そこにおける価値の捉え方から干潟の価値を分類してみたい（図 1.6）．

干潟にはアサリやハマグリなどの貝類がたくさん生息している．漁業者は

```
┌─ 利用価値 ──────────────────────────────────┐
│ 直接利用価値  干潟を直接利用することによって得られる価値    │
│              （例：あさりやはまぐりなどの漁業資源）       │
│ 間接利用価値  干潟を間接的に利用することによって得られる価値   │
│              （例：水質の浄化や潮干狩りなどのレクリエーション）│
│ オプション価値 直接・間接利用価値を提供する干潟の環境サービスを │
│              自分が将来享受できることから得られる価値      │
│              （例：将来利用できる可能性のある遺伝資源）    │
└──────────────────────────────────────────┘

┌─ 非利用価値 ────────────────────────────────┐
│ 存在価値  干潟が存在すること自体から得られる価値         │
│          （例：干潟の生態系・渡り鳥の中継地点）         │
│ 遺産価値  将来世代が干潟の環境サービスを享受できることから   │
│          得られる価値（例：干潟の生態系・渡り鳥の中継地点） │
└──────────────────────────────────────────┘
```

図 1.6　利用価値と非利用価値（干潟を例に）

干潟でこれらの貝類を採取し，販売している．このように，干潟という環境から資源を直接的に利用することで得られる価値を「直接利用価値」と呼んでいる．

　また，干潟には水質を浄化する働きがある．干潟には，河川を通じて陸地からの有機物や栄養塩，人間活動で発生した有機汚濁などが流れ込んでいるが，貝類をはじめとする干潟に生息するさまざまな生物がこれらを浄化しているからである．このように，干潟という環境から資源を直接的に利用するわけではないが，間接的に利用することで得られる価値を「間接利用価値」と呼んでいる．干潟では潮干狩りやバードウォッチングなどのレクリエーションも広く行われているが，レクリエーションから得られる価値も重要な間接利用価値である．他にも，沖からの激しい波を和らげる機能や，陸地か

ら流れ出した土砂を留める機能から，われわれは間接利用価値を得ている．

さらに，現在は干潟を利用しないが将来レクリエーションに利用したい，干潟に生息する生きものから有用な遺伝資源が発見されるかもしれない，干潟には海と陸との物質循環にかかわる未知の役割が隠されているかもしれない，といったさまざまな理由で干潟を現状のまま維持したいと考える人がいるかもしれない．このように，将来の利用可能性を維持するために，その環境を残しておくことから得られる価値を「オプション価値」と呼んでいる．直接利用価値と間接利用価値，そしてオプション価値は，いずれも利用に伴って得られる価値であるため「利用価値」と総称されている．

これに対して，干潟には人間が利用しなくても得られる価値も存在する．干潟には貝類の他にも，魚類やカニなどの甲殻類，泥の中に住むゴカイ類など小さな生きものがたくさん生息している．また，これらの生きものを食べるために，干潟にはたくさんの渡り鳥が飛来する．干潟は渡り鳥のえさ場であるとともに，休息の場でもあり，ときには越冬の場でもある．特に，シギやチドリなど，シベリアなど北半球の繁殖地と，オセアニアなど南半球の越冬地を行き来する渡り鳥にとっては，日本の干潟は中継地として非常に重要な役割を果たしている．先ほどの「アザラシやラッコが生息している」という事実と同じように，干潟に渡り鳥が飛来してくる，あるいはそのような生態系が存在しているという事実から価値を得る人もいる．このように，干潟が存在することそのものから得られる価値を「存在価値」と言う．

また，そのような貴重な環境を子供や孫の世代に残したいと考える人は，干潟の生態系を次世代に残すことからも価値を得ることができるだろう．このように，環境を将来世代に残すことから得られる価値を「遺産価値」と言う．遺産価値や存在価値のように，利用の有無にかかわらずに得られる価値は「非利用価値」または「受動的利用価値」と呼ばれている．

このように，干潟はわれわれにさまざまな恵みをもたらしているが，それらの中で市場が存在しているのは先ほどのニシンやサケのような漁業資源であるアサリやハマグリだけである．それ以外のものは市場で取引されないため，市場価格が存在していない．したがって，もし市場価格に基づいて干潟

の価値を評価すると，直接利用価値だけが評価されることになる．これは明らかに過小評価である．このような評価をもって，干潟として保全するか，工業用地として埋め立てるかを判断してきたからこそ，多くの干潟が失われてきたのである．

　少なくとも，今後このような事態を避けるためには，干潟の持つさまざまな価値を適切に評価し，意思決定に反映させることが必要である．干潟の持つ価値を貨幣単位で評価することができれば，工業用地として干潟を埋め立てて利用した場合の利益と直接的に比較することが可能になるだろう．

価値の分類と環境評価手法

　環境の持つさまざまな価値に応じて，これまでさまざまな環境評価手法が開発されてきた．代表的な環境評価手法を整理すると図1.7のようになる．また図1.7は，それぞれの環境評価手法が本書のどの章で紹介されているのか，またどのような対象が，本書において具体的な評価対象となっているのかも示している．

　環境評価手法は，人々の行動に基づいて環境の価値を評価する「顕示選好法」と，人々の意見に基づいて環境の価値を評価する「表明選好法」に分類される．顕示選好法には，「代替法」や「ヘドニック法」，「トラベルコスト法」が含まれる．代替法は，環境が提供するサービスと同様の商品やサービスを人為的に供給するために必要となる費用から環境の価値を評価する手法，ヘドニック（住宅価格）法は，環境の質が住宅価格に及ぼす影響から環境の価値を評価する手法，トラベルコスト法は，レクリエーションサイトまでの旅行費用からレクリエーションの価値を評価する手法である．

　一方，表明選好法には，「仮想評価法」や「コンジョイント分析」が含まれる．仮想評価法は，アンケート調査を用いて環境の価値を直接たずねる手法である．一方，コンジョイント分析は，同じようにアンケート調査を用いた手法であるが，環境を改善するさまざまな代替案に対する好みをたずねることで，環境の価値を評価する手法である．

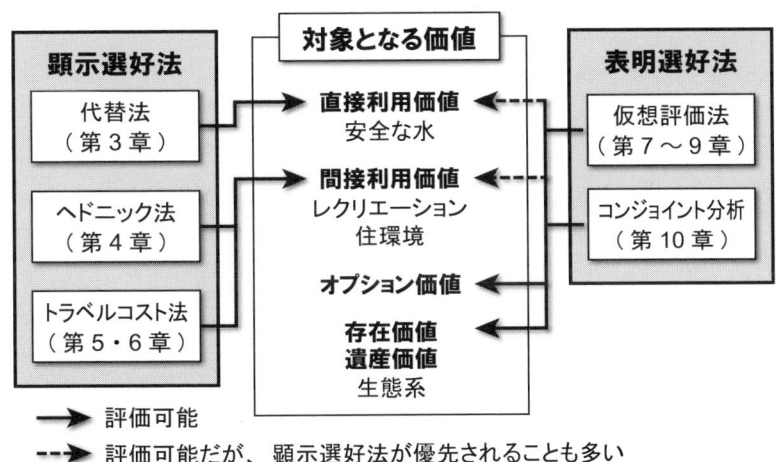

図 1.7 環境の価値の種類と環境評価手法

　顕示選好法は，実際の行動に基づいて分析を行うためデータの信頼性が高いが，非利用価値を評価することはできない．一方で表明選好法は，人々の表明する意見に基づいて評価を行うため，非利用価値も評価することができる．ただし，表明選好法はアンケート調査に基づくため，評価内容の設定や説明方法などによって評価額が影響を受けやすく，慎重に調査設計を行う必要がある．

よりよい意志決定を目指して

　次に，エクソン・バルディーズ号の原油流出事故，そして日本の干潟減少の例をふまえ，環境評価手法で得られた結果を最終的にどのように活用するのかを考えてみたい．
　干潟の例で考えると，環境の価値が貨幣単位で評価されることで，干潟として保全することと埋め立てて利用することのどちらの利益が大きいかを比較することができる．例えば，干潟の埋め立てを検討している行政機関は，

干潟の価値が貨幣単位で評価されれば，干潟を保全する方が得か，干潟を埋め立てて工業用地として利用する方が得かを判断することができる．事業を行う際には，事業に要する費用と事業により得られる便益（利益）を比較することが求められる．このような比較は「費用便益分析」と呼ばれている．

例えば，ある干潟を埋め立てて工業用地を造成する事業で，埋め立てや造成にかかる工事費が 100 億円であり，工業用地として利用した場合に得られる便益が 150 億円であったとしよう．この場合，便益が費用を上回るため，この事業は実施すべきと判断される．しかし，ここで干潟の環境評価が行わ

コラム 1　生態系と生物多様性の経済学（TEEB）

「生態系と生物多様性の経済学（The Economics of Ecosystem and Biodiversity：TEEB）」は，生態系サービスの価値（人々の利益になる生態系のさまざまなサービス）や生物多様性の喪失がもたらす損失について経済学の観点から研究した報告書である．ドイツ銀行取締役パバン＝スクデフがリーダーとなって，2010 年 10 月に名古屋市で開催された生物多様性条約第 10 回締約国会議（COP 10）までに一連の報告書がまとめられた．地球温暖化が経済に与える影響に関して研究した「気候変動の経済学（The Economics of Climate Change）」（スターン・レビュー）の生物多様性版とも言われている．TEEBは，あらゆる意志決定において生態系サービスの価値が考慮されるようになることが必要であり，そのためには生態系サービスの価値を定量的に評価し，「見える化」することが重要であると主張している．TEEBでは，そのための方法として，環境評価が有効な場合があると述べている．本書で解説する環境評価手法を含むさまざまな手法も取り上げられ，生態系サービスの経済評価の事例も多数紹介されている．TEEBの日本語訳（暫定版）は，地球環境戦略研究機関（IGES）のウェブサイトで読むことができる．

出典：TEEB（2008）より作成

れ，この干潟の価値が100億円であると評価されたとしよう．この事業を実施すれば，100億円の価値がある干潟が失われることになるので，埋め立てを行うことで失われる価値であるこの100億円は，この事業の費用として計上されることになる．その結果，この事業の費用は200億円となり，便益の150億円を上回ることになるので，実施すべきでないと判断される．このように，環境の価値を貨幣単位で評価することで，社会的な意志決定に環境の価値を反映することが可能となるのである．つまり，環境評価の役割は，わかりづらい環境の価値を貨幣によって評価して見える化することで，よりよい意志決定を支援することにある．

　ただ，このような費用便益分析を唯一の判断基準とするのは早計である．各章を読み進むと，どの環境評価手法にも，何らかの問題点は依然として残っていることがわかる．例えば，第7章から紹介する仮想評価法は，アンケート調査を用いた評価を行うため，調査内容の説明方法によって評価結果が左右される可能性がある．そのため，上記のような事業の判断基準を仮想評価法の評価結果のみに求めることは問題かもしれない．また，費用便益分析は効率性という判断基準に基づいているが，そもそも多くの環境問題では，効率性以外の判断基準（例えば，公平性）も達成することが求められている．このように，費用便益分析は唯一の判断基準となるものではないが，それでも費用便益分析は有力な判断基準の1つである．より正確な費用便益分析のために，そしてそこからよりよい意志決定を導くために，環境の価値を評価することが環境評価に与えられた役割と言えるだろう．

 ## 各章の概要

　最後に，各章で取り上げる内容を簡単に紹介したい．第2章では，環境評価の経済理論について解説を行う．環境評価はミクロ経済学の理論に基づいているため，環境評価を理解するためには，ミクロ経済学の理論を理解する

ことが求められる．この章では，効用や支払意志額・受入補償額など，環境評価を実施するうえで必要となる概念を解説する．

第3章では，代替法について解説を行う．代替法は，環境が提供するサービスと同様の商品やサービスを人為的に供給するために必要となる費用から環境の価値を評価する方法である．例えば，干潟の浄水機能の価値は，同等の浄水機能を持つ浄水場を建設・管理するための費用で評価することが考えられる．環境が提供するサービスを，市場で取引されている商品やサービスで「代替」した場合に必要となる費用から評価するため，代替法と呼ばれている．代替法は，環境評価手法の中でも直感的に理解しやすい方法であるため，最初に取り上げる．

第4章では，ヘドニック住宅価格法について解説を行う．ヘドニック住宅価格法は，環境の質が住宅価格に及ぼす影響から環境の価値を評価する方法である．例えば，ある住宅の周辺の環境が改善すれば，より多くの人がその住宅に住みたいと考えるだろう．そのため，その住宅の価格は上昇すると考えられる．このような環境の質と住宅価格との関係から環境の価値を評価するのがヘドニック住宅価格法である．ヘドニック住宅価格法は大気汚染や騒音といった地域レベルの環境の評価に用いられる主要な手法であり，実際の環境政策においても頻繁に使用されている．

第5章と第6章では，トラベルコスト法について解説を行う．トラベルコスト法は，人々がレクリエーションに費やす旅行費用に基づいて評価を行う方法である．人々は，費やした旅行費用以上の価値があると考えて，レクリエーションに参加しているはずである．価値の高いレクリエーションサイトには高い旅費を支払ってでも訪問するであろうし，逆に価値の低いレクリエーションサイトには高い旅費を支払って訪問しないだろう．このように，人々が費やしている旅行費用にはレクリエーションの価値が反映されている．トラベルコスト法は，レクリエーションの価値を評価するために用いられる主要な評価手法であり，実際の環境政策においても頻繁に使用されている．第5章では，ある1つのレクリエーションサイトへの訪問に着目して分析を行うシングルサイトモデルについて，第6章では，複数のレクリエー

ションサイトへの訪問に着目して分析を行うマルチサイトモデルについて解説を行う．

第7章から第9章では，仮想評価法について解説を行う．仮想評価法は，アンケート調査を用いて環境の価値を直接たずねる手法である．環境の価値を直接たずねるため，非利用価値を評価することも可能である．生物多様性の保全など，非利用価値の評価が重要となる場面で用いられる手法であり，これも実際の環境政策において頻繁に用いられている．ただし，アンケート調査を用いるため，信頼性に関しては激しい論争が繰り広げられてきた．信頼性の高い評価結果を得るためには，調査票の内容や調査方法に関して細心の注意が必要である．仮想評価法については紹介する内容が多いため，3つの章にわたって解説することにしたい．第7章では仮想評価法の概要を，第8章では仮想評価法の分析の手順を，第9章では仮想評価法の調査設計をそれぞれ解説する．

第10章では，コンジョイント分析について解説を行う．コンジョイント分析は，環境を改善するさまざまな代替案に対する好みをたずねることで，環境の価値を評価する手法である．コンジョイント分析は，市場調査や交通工学の分野で発展してきたが，近年は環境評価手法としても広く応用されている．仮想評価法と同様に非利用価値を評価できるが，アンケート調査を用いるため，信頼性の高い評価結果を得るためには仮想評価法同様の注意が必要である．

第10章までが，いわゆる環境評価手法の解説である．第11章と第12章は，いくつかのテーマを取り上げて，そのテーマの中で環境評価手法がいかに適用されているのかを紹介する．第11章では，リスクの評価について解説する．環境評価手法はリスクの評価においても幅広く用いられている．ここでは，死亡リスク削減の価値から算出される「統計的生命の価値」と，死亡リスクが賃金に及ぼす影響から分析を行うヘドニック賃金法について解説を行う．また，仮想評価法による死亡リスク削減の評価を紹介する．

第12章では，費用便益分析について解説を行う．費用便益分析は，何らかの事業や政策を実施するために必要な費用と，それらによって得られる便

益を比較し，便益が費用を上回っているのかを分析する枠組みである．費用便益分析は，事業や政策の実施を判断するうえで重要な役割を担っている．これまで紹介してきた環境評価手法で得られた評価結果も，最終的にこの枠組みの中で活かされることになる．ここでは，費用便益分析の理論と実際の手続きについて解説を行うとともに，実際の政策決定において環境評価手法がどのように利用されているのか解説を行う．

　第13章では，これまでの章で取り上げることができなかったトピックスについてまとめて解説を行う．過去に行われた環境評価の結果を新たな評価対象の価値として用いる「便益移転」や，実際の人間を被験者として，実験室などにおける経済行動から経済理論の妥当性や表明された環境の価値の信頼性を検証する「実験経済学」などについて，その概要を紹介する．これらのトピックスはどれも近年の研究動向を反映したものである．

練習問題

1. サンゴ礁にはどのような価値があるか，12ページ図1.6で示した分類を参考に考えてください．
2. エクソン・バルディーズ号の原油流出事故において，自分がエクソン社の担当者であると仮定して，仮想評価法の問題点を指摘してください．

第 2 章

環境評価手法の理論

→»»» はじめに ««««←

　環境評価手法はミクロ経済学の理論に基づいている．したがって，環境評価手法を理解するためには，ミクロ経済学の基礎的な内容についても理解する必要がある．そこでこの章では，効用や支払意志額・受入補償額など，環境評価を学ぶうえで必要となる概念を中心に解説したい．

> **💡 この章のポイント**
> - 効用と無差別曲線との関係を理解する．
> - 所得と環境サービスとの関係から，支払意志額や受入補償額が定義できることを理解する．
> - 支払意志額には，環境改善に対する支払意志額と環境悪化回避に対する支払意志額が，受入補償額には，環境悪化に対する受入補償額と環境改善中止に対する受入補償額があることを理解する．
> - 支払意志額や受入補償額の特徴について理解する．

効用と無差別曲線

効用

　われわれは日々の生活の中で，食事をしたり，音楽を聴いたり，映画を見たり，さまざまなことから満足感を得ている．経済学の分野では，商品やサービスを総称して「財（goods）」と呼んでおり，商品を手に入れたり，サービスを受けたりすることを消費と呼んでいる．また，消費を行うことから得られる満足感を「効用（utility）」と呼んでいる．経済学の言い方を用いれば，われわれは財を消費することで効用を増大させているのである．効用は人々の満足感を表すものであるため，お互いの効用を直接比較することはできない（単位も存在しない）．しかし，当の本人は様々な財から得られる効用の大きさを比較することが可能である．効用はその人にとって何が大切な

のかを指し示す尺度であるため，その人の価値観を反映していると言える．

　財を消費することで得られる効用の大きさは，消費量によっても変化する．例えば，先ほどのニシンやサケなどの漁業資源を考えるならば，サケの切り身1切れよりも，2切れを消費することで，人々はより大きな効用を得ていると考えられる．効用が消費量によって変化するのであるから，財の価格や本人の所得も間接的に効用に影響していることがわかる．例えば，サケ漁が不漁で価格が上昇すると，消費量を減らさなければならないので効用は低下することになる．一方，所得が増加すると，いままでよりも消費量を増やすことができるので効用は増大することになる．

無差別曲線

　次に，財が財1と財2の2種類ある状況（例えば，ニシンの切り身とサケの切り身がある状況）を考えてみたい．x軸に財1の消費量，y軸に財2の消費量，z軸にそれぞれの消費量での効用をとることにする．財1と財2のそれぞれの組み合わせで，効用水準（効用の度合い）が1つ決まり，それらをすべてつなぎ合わせれば，図2.1に示すような効用曲面ができ上がるだろう．

　次に，この効用曲面をある効用水準（あるz軸の高さ）で，xy平面と水平に切ってみたい．高さが同じであるから，切り口の効用はすべて同じである．その切り口を図の上方から眺めれば，xy平面に切り口の弓型が投影されることになる．この弓形の曲線を，経済学では無差別曲線と呼んでいる．「無差別」とは indifference の訳語で，無差別曲線上のすべての点は，お互いに効用が同じ（違いがない・区別できない）ことを意味している．無差別曲線がxy平面の右上にあるほど，効用曲面の切り口が高いところにあることを意味しているので，より効用が高いことになる．

図 2.1　効用曲面

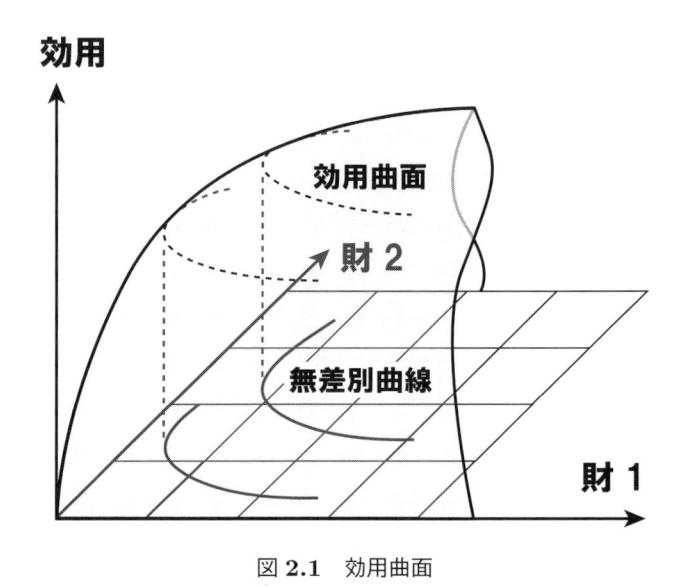

環境の価値

　このような考え方は，市場で取引されている財だけでなく，環境サービス（人々の利益になる環境のさまざまなサービス）にも拡張できる．われわれは市場で取引されている財を消費することで効用を増大させているが，市場で取引されていない財からも効用の増大を得ている．例えば，第1章で取り上げた「アザラシやラッコが生息している」という事実から得られるような効用の増大である．

　仮にアザラシやラッコの生息地が喪失してしまった状況で，アザラシやラッコの生息地を復元するプロジェクトが立ち上がったとしよう．もしこのプロジェクトによりアザラシやラッコの生息地が復元するならば，人々の効用は増大するであろう．また，アザラシやラッコの生息地が一部だけ復元するよりも，多くの生息地が復元する方がより効用の増大は大きいだろう．このように環境サービスに対しても，市場で取引されている財と同じような状

況を考えることができる．

図 2.2 は縦軸に所得，横軸に復元される生息地数をとっている．先ほど説明したとおり，所得が増えると効用は上昇し，所得が減ると効用は低下する．一方，復元される生息地の数が増えると効用は上昇し，復元される生息地の数が減ると効用は低下する．このような所得と復元される生息地の数との組み合わせも同じように無差別曲線によって示すことができる．無差別曲線 u_1 は無差別曲線 u_0 よりも右上側にあるので，無差別曲線 u_1 上のあらゆる点は，無差別曲線 u_0 上のあらゆる点よりも効用水準が高いことになる．

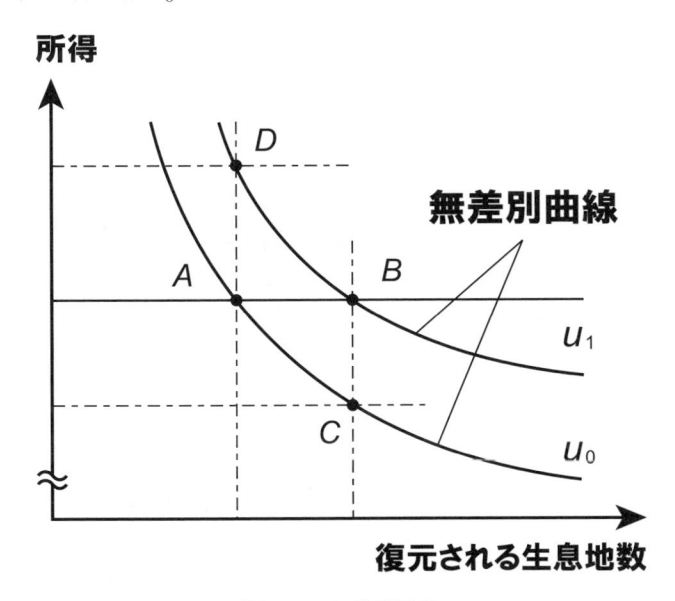

図 2.2　無差別曲線

例えば図 2.2 の点 A は，復元される生息地の数がより多い代わりに，所得がより低い点 C と同じ効用水準 u_0 である．同じように点 B は，復元される生息地の数がより少ない代わりに，所得がより高い点 D と同じ効用水準 u_1 である．

支払意志額と受入補償額

支払意志額

　上記のような関係から，アザラシやラッコの生息地が復元される価値を定義することができる．はじめに復元される生息地の数が増加するケースを考えてみたい．図 2.3 において，消費者は所得が M_0 万円，復元される生息地の数が 30 ヵ所の状況，点 A にいるとする．

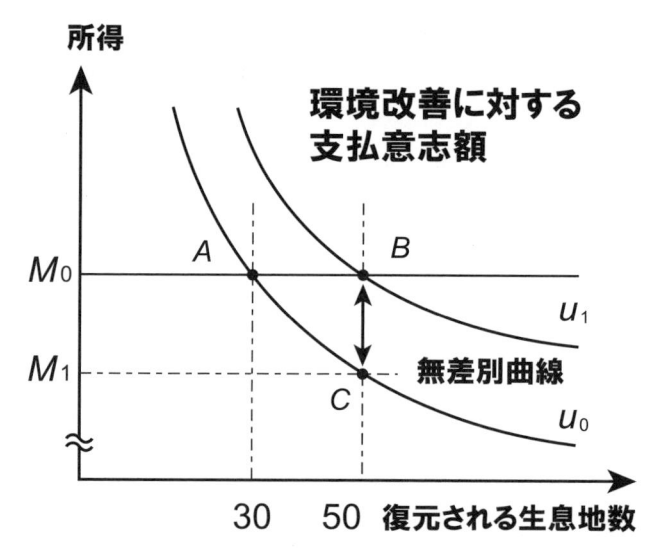

図 2.3　環境改善に対する支払意志額

　ここで，復元される生息地の数が 30 ヵ所から 50 ヵ所に増加する場合を考える．消費者の所得は M_0 のままであるとして，復元される生息地の数が 30 ヵ所から 50 ヵ所になると，消費者の状況は点 A から点 B に移動し，効

用水準は u_0 から u_1 に上昇する．一方，点 C は点 A と同じ無差別曲線上にある点であり，点 A に比べて所得は低いが，復元される生息地の数は点 A よりも多い状況にある．同時に点 C は，点 B から $M_0 - M_1$ にあたる金額が差し引かれた状況でもある．つまり，復元される生息地の数が 30 ヵ所から 50 ヵ所に増えても（点 $A \Rightarrow$ 点 B），$M_0 - M_1$ の金額を支払うと（点 $B \Rightarrow$ 点 C），環境改善が行われない元の効用水準 u_0 に戻ることを意味している（点 A の効用水準＝点 C の効用水準）．つまりこの $M_0 - M_1$ が，環境改善に対して，消費者が最大支払ってもかまわない金額ということになる．この金額を支払意志額（willingness to pay）と言う．

次に環境サービスが悪化するケースを考えてみたい．環境改善に対する支払意志額だけでなく，環境悪化の回避に対する支払意志額も定義することができる．先ほど同様に，消費者は所得が M_0，復元される生息地の数が 30 ヵ所の状況，点 A にいるとする（図 2.4）．

ここで，復元される生息地の数が 30 ヵ所から 20 ヵ所に減少する場合を

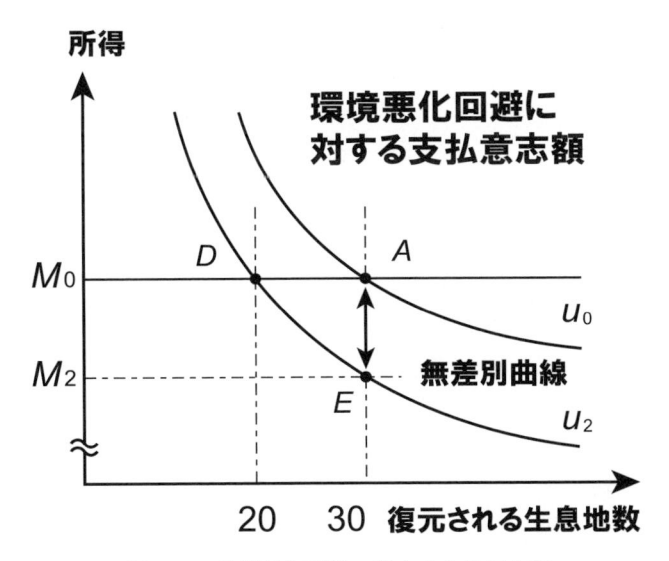

図 2.4 環境悪化回避に対する支払意志額

考える．消費者の所得は M_0 のままであるとして，復元される生息地の数が 30 ヵ所から 20 ヵ所に減少すると，消費者の状況は点 A から点 D に移動し，効用水準は u_0 から u_2 に低下する．一方，点 E は点 D と同じ無差別曲線上にある点であり，点 D に比べて所得は低いが，復元される生息地の数は点 D よりも多い状況にある．同時に点 E は，点 A から $M_0 - M_2$ にあたる金額が差し引かれた状況でもある．つまり，復元される生息地の数が 30 ヵ所から 20 ヵ所に減少することを回避し（点 D ⇒ 点 A），$M_0 - M_2$ の金額を支払うと（点 A ⇒ 点 E），環境悪化が回避されない元の効用水準 u_2 に戻ることを意味している（点 E の効用水準＝点 D の効用水準）．つまりこの $M_0 - M_2$ が，環境悪化の回避に対して，消費者が最大支払ってもかまわない金額ということになる．この金額も同じく支払意志額である．

受入補償額

　一方，環境サービスの価値は支払額ではなく，補償額のような形で定義することもできる．はじめに復元される生息地の数が減少するケースを考えてみたい．まず消費者は所得が M_0，復元される生息地の数が 30 ヵ所の状況，点 A にいるとする（図 2.5）．

　ここで，復元される生息地の数が 30 ヵ所から 20 ヵ所に減少する場合を考える．消費者の所得は M_0 のままであるとして，復元される生息地の数が 30 ヵ所から 20 ヵ所に減少すると，消費者の状況は点 A から点 D に移動し，効用水準は u_0 から u_2 に低下する．一方，点 F は点 A と同じ無差別曲線上にある点であり，点 A に比べて所得は高いが，復元される生息地の数は点 A よりも少ない状況にある．同時に点 F は，点 D で $M_2 - M_0$ にあたる金額を受け取った状況でもある．つまり，復元される生息地の数が 30 ヵ所から 20 ヵ所に減少しても（点 A ⇒ 点 D），$M_2 - M_0$ の金額を受け取ると（点 D ⇒ 点 F），環境悪化が行われない元の効用水準 u_0 に戻ることを意味している（点 F の効用水準＝点 A の効用水準）．つまりこの $M_2 - M_0$ が，環境悪化を受け入れるために必要な最少の金額ということになる．この金額を受

第 2 章 環境評価手法の理論　　31

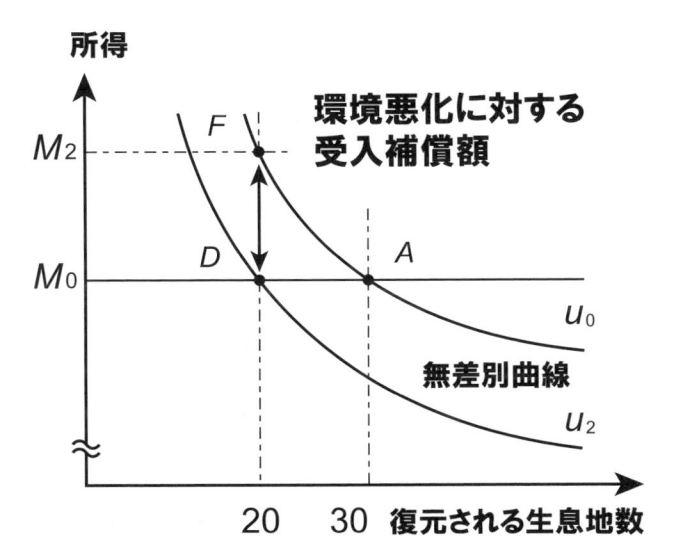

図 2.5　環境悪化に対する受入補償額

入補償額 (willingness to accept) と言う.

　一方，環境サービスが改善するケースを考えてみたい．環境悪化に対する受入補償額だけでなく，環境改善の中止に対する受入補償額も定義することができる．先ほどと同様に，消費者は所得が M_0，復元される生息地の数が 30 ヵ所の状況，点 A にいるとする（図 2.6）．

　ここで，復元される生息地の数が 30 ヵ所から 50 ヵ所に増加する場合を考える．消費者の所得は M_0 のままであるとして，復元される生息地の数が 30 ヵ所から 50 ヵ所に増加すると，消費者の状況は点 A から点 B に移動し，効用水準は u_0 から u_1 に上昇する．一方，点 G は点 B と同じ無差別曲線上にある．点 B に比べて所得は高いが，復元される生息地の数は点 B よりも少ない状況にある．同時に点 G は，点 A で $M_1 - M_0$ にあたる金額を受け取った状況でもある．つまり，復元される生息地の数が 30 ヵ所から 50 ヵ所に増加することが中止されても（点 $B \Rightarrow$ 点 A），$M_1 - M_0$ の金額を受け取ると（点 $A \Rightarrow$ 点 G），環境改善が行われる元の効用水準 u_1 に戻ることを意味

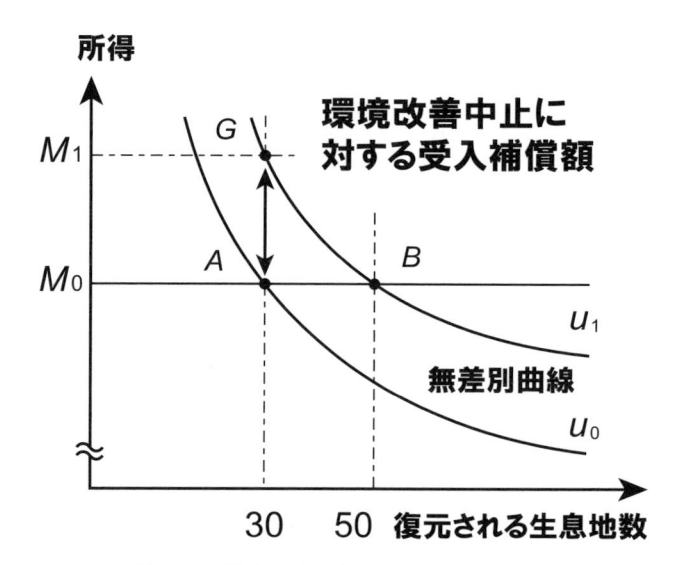

```
                 所得
                  ↑
                  |         環境改善中止に
           M₁ ----●G       対する受入補償額
                  |↕
           M₀ ----A------B----------- u₁
                  |      
                  |             無差別曲線
                  |                      u₀
                  ≈
                  └──────┴──────┴──────→
                        30     50   復元される生息地数
```

図 **2.6** 環境改善中止に対する受入補償額

している（点 G の効用水準＝点 B の効用水準）．つまりこの $M_1 - M_0$ が，環境改善の中止を受け入れるために必要な最少の金額ということになる．

支払意志額と受入補償額の特徴

このような支払意志額と受入補償額にはどのような特徴があるのだろうか．その特徴は以下のようにまとめることができる．

第 1 に，支払意志額や受入補償額と効用とは対応の関係にある．環境サービスが改善され，効用が大きく増大するほど，あるいは環境サービスが悪化し，効用が大きく低下するほど，支払意志額や受入補償額は大きくなる．環境評価という文脈で考えるならば，評価対象が自分にとって重要であるものほど，支払意志額や受入補償額も大きくなる．

第 2 に，支払意志額や受入補償額は個人によって異なっている．森林を守ることが大切だと思う人もいれば，海や川を守ることが大切だと思う人も

いるであろう．森林を保全することに対する支払意志額や，河川の水質悪化に対する受入補償額は，個人によって異なると考えられる．上記で説明したとおり，支払意志額や受入補償額と効用とは対応の関係にあるが，その人にとって何が大切なのか，つまり価値観は個人によって異なるため，支払意志額や受入補償額も個人によって異なるのである．

第3に，支払意志額や受入補償額は環境サービスの値段ではない．例えば，ミネラルウォーターが100円で売られていたとしよう．水道水は十分においしいし，安全性の面でも何ら問題ないと考える人にとって，ミネラルウォーターは100円に見合う価値を持たないだろう．支払意志額が100円以下ということであれば，実際には購入しないことになる．ところが，水道水のおいしさに満足できない，あるいは安全性の面で疑問が残ると考える人にとって，ミネラルウォーターは100円に見合う価値を持っているかもしれない．支払意志額が100円以上ということであれば，実際に購入することになる．このように支払意志額は，その人がどのくらいミネラルウォーターを飲みたいかを反映したものであり，値段（市場価格）ではない．これは受入補償額にも当てはまることである．値段は需要と供給との関係で決まるものであり，人によって異なるものではない．

第4に，支払意志額や受入補償額を評価するためには，環境サービスの現在の状態と変化後の状態の2つの状態が必要である．例えば，環境改善に対する支払意志額は，環境改善による効用の上昇を金額で評価したものであるため，環境サービスがどのような状態（現在の状態）からどのような状態（変化後の状態）に変化するのかが厳密に定義されていなければ評価することができない．もし，現在の状態と変化後の状態が厳密に定義されていなければ，回答者の表明する金額は，理論的な根拠のない金額となり，経済学的な価値を評価したことにはならない．なお，支払意志額と受入補償額は，いずれも経済学的に正しい環境サービスの評価尺度であり，両者は似た性質を持っているものの，通常，両者は一致しない．一般に受入補償額の方が支払意志額よりも高くなる傾向がある．

第5に，環境サービスの価値を測る尺度として，支払意志額が選択される

のか,あるいは受入補償額が選択されるのかは,権利の設定状況と大きなかかわりがある.例えば,住宅地の近くに工場が建設され,大きな騒音が問題となった場合,おそらく住民には静かな住環境を享受する権利があるだろう.その場合の静かな住環境の価値は,騒音発生(環境悪化)に対する住民の受入補償額で評価されるのが適当だろう.一方,工業地域にあえて住宅を建設したが,結局大きな騒音が問題となった場合,工場にはこれまでどおりの生産活動を行う権利があるだろう.その場合の静かな住環境の価値は,騒

コラム2 支払意志額と受入補償額の乖離

　支払意志額と受入補償額がどうして異なるのか.さまざまな説明が試みられているが,明確な理由は未だ見いだされていない.
　1つの説明は予算制約が関係しているというものである.補償額はいくらでも受け入れられるが,支払額には多くの場合,上限が存在している.ただそうであれば,予算制約とはかかわりの薄い,比較的低い金額であれば両者は一致するはずである.しかしながら,支払意志額と受入補償額は異なっている場合が多い.
　代替的な環境サービスの有無が関係しているという説明もある.例えば,絶滅の危機に瀕する野生動物の保護についてたずねる場合,いったん絶滅してしまえば,この野生動物を復活させることはできない.そのため,いくら補償を受けても代償にはならないと回答者は考えるかもしれない.この場合,受入補償額の方がより高額になると考えられる.ただ,明らかに代替的な環境サービスが存在する場合でも,支払意志額と受入補償額の乖離が生じる場合もある.
　賦存効果と呼ばれる考え方で説明する試みもある.賦存効果とは,現在の財の保有状況を基準にすると,ある量の損失を同じ量の利得よりも大きく評価するという効果である.この考え方に基づけば,人がいったん所有したものを手放す際の受入補償額は,それを入手する際の支払意志額よりも大きくなることになる.

音低減（環境改善）に対する住民の支払意志額で評価されるのが適当だろう．

　以上のように，支払意志額と受入補償額は，環境の価値を貨幣単位で評価する尺度として有効な特徴を持っている．しかし，市場価格のように市場データとして簡単に入手することはできない．このため，人々の経済活動から間接的に推定するか，あるいは人々に直接たずねて算出する必要がある．次章から紹介するさまざまな手法が，推定のためのテクニックということになる．

練習問題

1. 以下の4つの図は，所得と森林面積に関する無差別曲線を示しています．それぞれの図の矢印がどのような評価額を示しているのか，環境サービスの変化（森林の現状と変化後の状況）とともに説明して下さい．ただし，黒い点がある場所が現状であるとします．

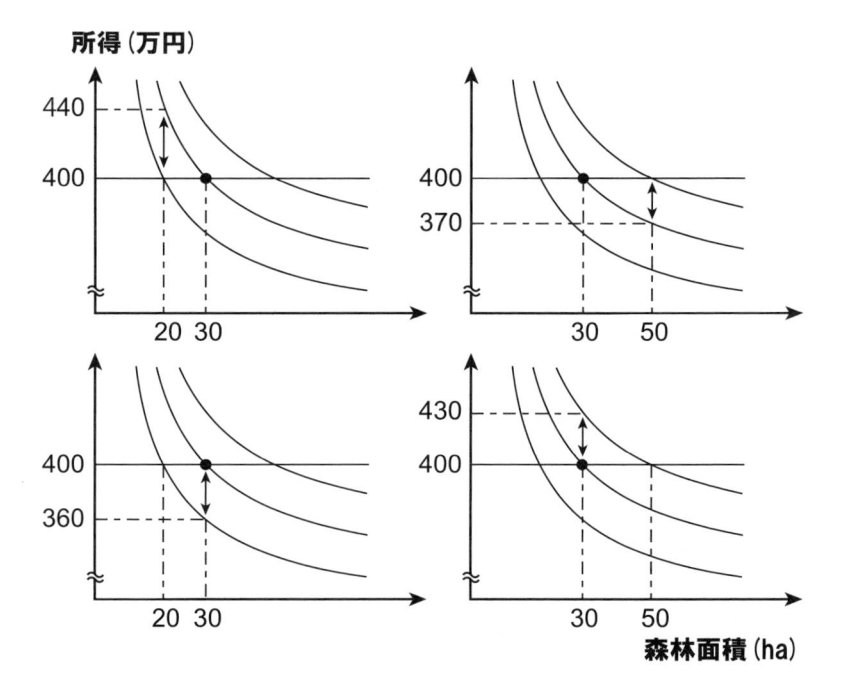

2. 効用関数 U が次式のように表現できるとします．ただし，q は野鳥の生息数（匹），M は所得（万円）を示しています．

$$U = \frac{q^2 \cdot M}{100}$$

1) 現状は，野鳥の生息数が 10 匹，所得が 100 万円であるとします．その場合の効用の値を求めて下さい．
2) 野鳥の生息数が 10 匹から 20 匹へと増加した場合の効用の値を求めて下さい．
3) 野鳥の生息数が 10 匹から 20 匹へと増加することへの支払意志額を求めて下さい．
4) 野鳥の生息数が 10 匹から 2 匹へと減少するとします．これを回避して，現状の 10 匹の生息数を維持することに対する支払意志額を求めて下さい．
5) 野鳥の生息数が 10 匹から 20 匹へと増加するとします．これを中止して，現状の 10 匹の生息数を維持することに対する受入補償額を求めて下さい．
6) 野鳥の生息数が 10 匹から 2 匹へと減少することへの受入補償額を求めて下さい．

第3章

代替法

はじめに

　代替法は，環境サービスを代替財（市場で取引されている，同じような目的で使用され，同じような効用を与える財）で置き換えた場合に，必要となる費用から評価する手法である．例えば，森林の水源保全機能を考えてみたい．森林は雨水を貯留してゆっくり河川に流出させるとともに，地下水を保全する機能を持っている．また，森林土壌は雨水の不純物を取り除いたり，ミネラルを付加したりして，おいしい水道水を供給する働きも持っている．もし森林がなければ，安定的な水供給のために追加的にダムを建設したり，水質維持のため浄水場の機能を強化したりしなければならない．つまり，森林の水源保全機能が発揮されなければ，何らかの追加費用が社会に生じるこ

とになる．代替法はこのような追加費用に関する情報に基づいて，環境サービスの価値を評価する．

> **この章のポイント**
> - 代替法には，環境サービスを維持するための費用を計測する防御支出法と，失われた環境サービスを取り戻すための費用を計測する再生費用法がある．
> - 安全な水道水が供給されることの価値を，ミネラルウォーターの購入費用から評価する例を通じて，防御支出法の仕組みを理解する．
> - 水源保全機能などの森林の環境サービスの価値を，ダムの建設・管理費用から評価する例を通じて，再生費用法の仕組みを理解する．
> - 代替法は比較的容易に適用できるが，適切な代替財が設定されなければ，信頼性の高い評価結果は得られない．

手法の概要

はじめに

　代替法は環境評価手法の中で最も直感的に理解しやすい手法である．それは，われわれが行っている経済活動での考え方を環境サービスの評価に当てはめているためである．われわれは社会生活において自らに損害が及ぶ場合，事前に対策を講じることが多い．例えば，スズメバチが自宅周辺に巣を

作ることは大きな脅威である．そのような事態を避けるためには，定期的に自宅周辺を見回ってスズメバチが巣を作っていないかを確認したり，スズメバチに巣作りをさせないため，定期的に庭木を剪定したりすることが求められる．どちらの場合も，貴重な余暇時間を費やしたり，園芸業者に代金を支払ったりするため，費用が発生することになる．一方，運悪く自分では手に負えないほど大きなスズメバチの巣が自宅周辺にできてしまった場合は，事後的に対策を講じることになる．この場合，専門業者に巣の除去をしてもらわざるをえない．こちらも同じように費用が発生することなる．

このように，われわれはスズメバチが自宅周辺に巣を作らないよう，あるいは巣ができた場合はそれを取り除くことで，「自宅周辺にスズメバチの巣がない」というサービスを受けるために，さまざまな形で費用を負担することになる．園芸業者による庭木の剪定にも，専門業者による巣の除去にも市場価格があるため，それに基づいて計算することで「スズメバチの巣がないことで得られる安全な住環境」というサービスの価値を評価することが可能である．代替法はこのような考え方を環境サービスの評価に応用したものである．環境サービスは幅広い人々に提供されていることから，代替法では上記のような個人的な費用負担ではなく，社会の費用負担について検討することになる．

代替法の理論的枠組み

代替法には大きく2つのアプローチが存在している．1つは提供されている環境サービスを維持するための費用を計測する防御支出法，もう1つは失われた環境サービスを取り戻すための費用を計測する再生費用法である．

前述のように，森林は雨水を貯留して安定的な水供給に貢献している．防御支出法はこのような環境サービスが維持されることの価値を，その環境サービスを代替的な財でまかなうために必要となる費用から評価するものである．例えば，森林が雨水を土壌に浸透させる過程では，表層土壌が大きな役割を果たしている．表層土壌を健全に保つため，特に人工林では適切な森

林管理が必要である．人工林がのび放題になると，林内に光が入らずに林床植生が失われ，それに伴って表層土壌も流出する可能性がある．もし適切な森林管理が行われず，雨水の貯留機能が低下し，渇水期に水不足になったとすれば，流域の各家庭では水道水に代わりミネラルウォーターを購入するなど，防御的な対策を講じなければならない．このような各家庭の追加的な支出を調査することで，森林が雨水を貯留して安定的な水供給を行うことの価値を評価することができる．

一方，再生費用法は失われた環境サービスを取り戻すために必要となる費用から評価する手法である（図3.1）．仮に流域の森林をすべて伐採してしまうと，森林が提供する環境サービスは，安定的な水供給も含めてすべて失われることになる．失われた森林が持つ機能を人為的に提供するためには，おそらく流域にダムを建設しなければならない．その費用は建設費用と管理費用から観察することが可能である．そこで，森林が持つ機能をすべてダムで代替することを考えれば，森林が安定的な水供給に貢献する価値を評価することができる．

分析の手順

ここからはデータを使いながら，代替法の分析の手順について紹介していきたい．この節で使用しているデータは，水質とミネラルウォーターに関するデータと，林野庁が行った森林の有する機能の定量的評価（貨幣評価）である．前者は防御支出法，後者は再生費用法による評価である．

防御支出法

化学物質が含まれない安全な水道水の供給は，社会にとって重要な課題である．水道水は日常的に飲用するものであるため，混入する化学物質の量が

第 3 章　代替法　　　　　　　　　　　　　　　　　　　43

[図: 左にダム、右に森林のイラスト]

ダムが安定的な水供給に貢献する機能は建設費用と管理費用から算出できる

森林が安定的な水供給に貢献する機能に市場価格は存在しない

↓

森林が持つ機能をすべてダムで「代替」させた場合に必要となる建設費用と管理費用から評価

図 3.1　代替法（再生費用法）の仕組み

微量であっても，長期的には重大な健康被害を招く恐れがある．もし化学物質の規制（環境規制）を行わず，それらが水道水に日常的に混入することになれば，水道水を飲用せずに，化学物質を含まないミネラルウォーターを購入する人も出てくるだろう．ほとんどの場合，ミネラルウォーターの方が飲用水としての単価が高いため，追加の支出が発生することになる．ここではそのような追加の支払いから，安全な水道水が供給されることの価値，あるいは化学物質の環境規制を実施することの価値を評価したい．

例えば，有機塩素化合物であるトリクロロエチレンは，半導体の洗浄やクリーニング剤として幅広く使われていた物質である．しかしながら発がん性が指摘され，1989 年以降，化学物質審査規制法により製造や輸入について国への届出が義務づけられている．水道法でも水道水に含まれるトリクロロエチレンは $0.03\mathrm{mg}/\ell$ 以下という水質基準が定められていたが，近年の発がん性に関する研究報告を反映して，平成 23 年度からはより厳しい $0.01\mathrm{mg}/\ell$ 以下という水質基準が適用されている．

このように，現在は厳しく使用が規制されているトリクロロエチレンであるが，問題は過去に排出されたトリクロロエチレンが地下水などに浸透し，結果として水道水にも混入してしまっていることである．もし水道水に含まれるトリクロロエチレンをできる限り除去しようとするならば，トリクロロエチレンを除去できる機能を持った浄水器を取り付けるか，水道水を飲用せずに，トリクロロエチレンが含まれていないことが確認できるミネラルウォーターを購入する必要がある．当然，追加の費用が発生することになる（図 3.2）．

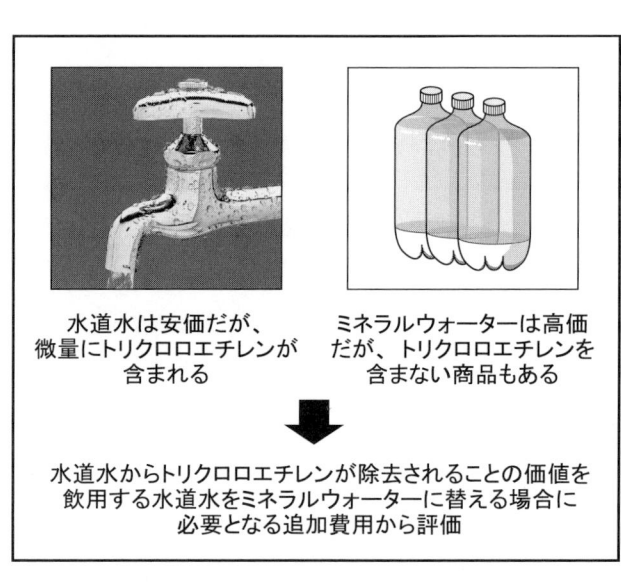

図 3.2　安全な水道水が供給されることの価値の評価

ここで注目したいのは，化学物質の含まれる濃度が高ければ，浄水器やミネラルウォーターを購入する人は増加し，逆に含まれる化学物質の濃度が低ければ，浄水器やミネラルウォーターを購入する人は減少するという関係が存在することである．そこで，水道水から検出される化学物質の濃度とミネラルウォーターの消費量との関係を調べ，化学物質の濃度の上昇が，どれだ

けミネラルウォーターの消費量を増加させているのかを考えてみたい．

表 3.1 は個人の 1 年間のミネラルウォーターの消費量と水道水に含まれる化学物質の濃度（複数の化学物質を総合して 9 段階で表示）を示した 100 件の仮想データである（データはまえがきに示したウェブサイトから入手できる）．水質を示す値が大きいほど，トリクロロエチレンやトリハロメタンなどの化学物質の濃度が低いことを意味している．水質とミネラルウォーターの消費量との関係を散布図にすると，図 3.3 のように示すことができる．

この観測値に，回帰分析を用いて最も当てはまりのよい直線を引くと図 3.3 に示す右下がりの曲線となる（回帰分析は Excel の分析ツールに含まれている．分析ツールを使うには，アドインから分析ツールの追加が必要である）．ここでは，ミネラルウォーターの消費量を水質によって説明することを試みている．回帰分析を適用すると，「ミネラルウォーターの消費量 = 17.289 − 1.536× 水質」と推定される．この回帰曲線の傾きは，水質が 1 段階下がると，それに伴って増加するミネラルウォーターの平均的な消費量を示している．つまり，水質が 1 段階下がると，ミネラルウォーターの平均

表 3.1 水質とミネラルウォーターの消費量

番号	ミネラルウォーターの消費量 (ℓ/年)	水質	変化後の水質	変化後の消費量予測	消費量の変化
1	6.3	7	6	8.1	1.8
2	6.5	3	2	14.2	7.7
3	3.6	9	8	5.0	1.4
4	8.3	7	6	8.1	− 0.2
5	9.6	6	5	9.6	0
…	…	…	…	…	…
100	10.9	5	4	11.1	0.2

出典：筆者らによる仮想データ

ミネラルウォーター消費量（ℓ／年）

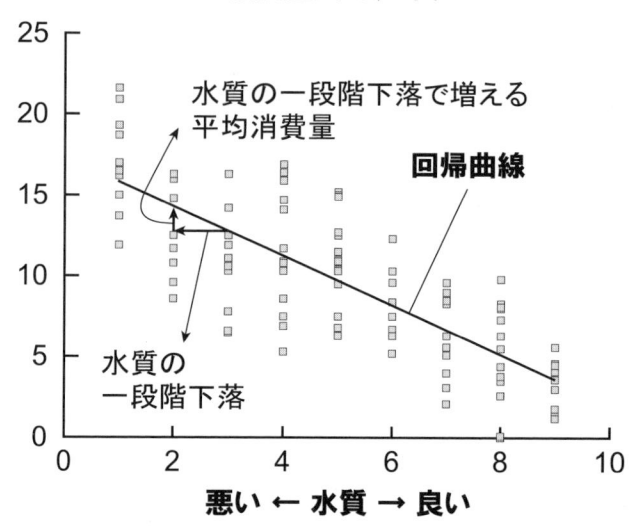

図 3.3 水質とミネラルウォーター消費量との関係

的な消費量は年間 1.536ℓ 増加することを示している．

　ここで，各家庭の水質がそれぞれ 1 段階低下することを考えてみたい．回帰曲線に新しい変化後の水質（当初の水質が 1 の場合は，変化後の水質も 1 とする）を代入すると，水質変化後のミネラルウォーターの消費量予測が算出される（表 3.1）．当初のミネラルウォーターの消費量から変化後のミネラルウォーターの消費量予測を差し引くと，ミネラルウォーターの消費量の変化（予測）が算出される．

　ミネラルウォーターの消費量の変化は個人によって異なるが，全体として消費量の変化を足し合わせたものは増加することになる．この各個人の消費量の変化の和を調査対象者数で割れば，水質が 1 段階低下することに対して，1 人あたりが増加させるミネラルウォーターの消費量の平均値を算出できる．これにミネラルウォーターの単価を掛け合わせることで，1 人あたりの年間の防御的な支出が算出される．この金額に対象となる人口を掛け合わ

せることで，水質が 1 段階低下することで社会に生じる損失，あるいは水質を現状に保っていることの価値を評価することができる．この例では，1 人あたりが増加させたミネラルウォーターの消費量の平均値は 1.384ℓ であるから，ミネラルウォーターの 1ℓ あたりの単価を 80 円とすると，1 人あたり 110.7 円の防御的な支出が生じていることになる．これが 100 万人の人口を抱える都市の話であるとすれば，「年間 110.7 円 ×100 万人＝年間 1 億 1,070 万円」と評価されることになる．つまり，水質が 1 段階悪化すると，この都市では年間 1 億 1,070 万円の社会的な損失が発生することを意味している．逆に言えば，水質が 1 段階低下せず，現在の水質の水道水が供給されることには年間 1 億 1,070 万円の価値があると言える．

再生費用法

再生費用法は，防御支出法のような分析は必要ではない．失われる環境サービスを定義し，その環境サービスと同じサービスを提供する代替財の市場価格を精査すればよい．例えば，表 3.2 は林野庁が発表している，森林の有する機能の定量的評価である．

重要なことは，代替財が複数ある場合，最も安価なものについて評価しなければならないことである．例えば，表面侵食防止機能に対する評価額は堰堤を建設することで評価されているが，これは侵食によって発生した土砂の流出を食い止める方法として，堰堤の建設が最も効率的であることが前提となっている．理想的な状況，つまり完全競争市場においては，需要と供給は一致し，均衡価格はある価格に定まるため，土砂の流出を食い止めるためのどの対策であっても，単位あたりの価格は同じになるはずである．ただ現実にはそうなっていないので，どの代替財を選ぶべきか，よく検討しなくてはならない．この点については，後の代替法の課題の項でも述べたい．

表 3.2　森林の有する機能の定量的評価

二酸化炭素吸収：1 兆 2,391 億円/年
　森林バイオマスの増量から二酸化炭素吸収量を算出し，石炭火力発電所における二酸化炭素回収コストで評価

化石燃料代替：2,261 億円/年
　木造住宅が，すべて RC 造・鉄骨プレハブで建設された場合に増加する炭素放出量を上記二酸化炭素回収コストで評価

表面侵食防止：28 兆 2,565 億円/年
　有林地と無林地の侵食土砂量の差（表面侵食防止量）を堰堤の建設費で評価

表層崩壊防止：8 兆 4,421 億円/年
　有林地と無林地の崩壊面積の差（崩壊軽減面積）を山腹工事費用で評価

洪水緩和：6 兆 4,686 億円/年
　森林と裸地との比較において 100 年確率雨量に対する流量調節量を治水ダムの減価償却費及び年間維持費で評価

水資源貯留：8 兆 7,407 億円/年
　森林への降水量と蒸発散量から水資源貯留量を算出し，これを利水ダムの減価償却費及び年間維持費で評価

水質浄化：14 兆 6,361 億円/年
　生活用水相当分については水道代で，これ以外は中水程度の水質が必要として雨水処理施設の減価償却費及び年間維持費で評価

出典：林野庁（2011）より作成

調査設計

　代替法による評価を実施するためには，実際にどのような調査を行い，どのような情報を入手すればよいのだろうか．代替法では，市場で取引されている代替的な商品やサービスに関する情報を集めればよいため，分析に必要となる情報はかなり容易に揃えることができる．ただし，提供されている環境サービスの水準と，代替財の価格だけを集めればよいというわけではない．

防御支出法に必要な情報

　防御支出法であれば，まず低下する環境サービスを指し示す物理的数値，例えば，水質や大気の汚染物質濃度の情報が必要である．また悪臭のように，物理的な数値が一概には有効でない場合は，調査対象者の主観的な評価（例えば，10段階評価など）を得ることが求められる．同時に，環境サービスの低下に伴って増大した，防御的な支出の把握も必要である．先ほどのようなミネラルウォーターの購入費用，浄水器や空気清浄機の設置費用などの情報を，環境サービスの変化と対応できる形で把握しなければならない．

再生費用法に必要な情報

　再生費用法であれば，低下する環境サービスを再生させる代替財の価格が必要である．先ほどの例で挙げたダムを例にすると，ダムが代替的な環境サービスを提供するためには，建設費用だけでは不十分である．ダムの建設のために，住民の立ち退きが必要とされるならば，その補償や新しい住宅地の確保のための費用なども含まれることになる．また，ダム建設後には維持管理が必要となるため，その費用も計上しなくてはならない．

このような費用の計算過程で必要となるのが割引率である．例えば，ダムの維持管理は長期にわたって実施されるため，適切な割引率によって割り引かなければならない．そのためには，代替財が提供される時点や提供期間に関する情報も必要である．割引率については第12章で詳しく解説したい．

代替法の課題

　代替法を適用する場合，代替財の適切な設定が一番のポイントである．適切な代替財が存在すれば，信頼性の高い結果を得ることが可能である．ただ現実的には，代替法によって信頼性の高い結果を得ることは難しい．それは以下に示すように，代替財を設定するにあたって，避けがたいさまざまな問題が生じてくるためである．

　そもそも代替法は，前述のように代替財が存在しなければ適用することができない．しかし，環境サービスと完全に代替する財は存在していないことがほとんどである．安全な水道水の有力な代替財はミネラルウォーターであるが，このような例はどちらかというと稀である．

　仮に適切な代替財を設定できても，問題は残されている．1つは，代替財の仕様に主観的な判断が含まれる可能性である．安全な水道水1ℓに対応するものとして，ミネラルウォーター1ℓを設定することは問題ないかもしれない．しかし，表3.2で示されている洪水緩和機能のようなものは，何年確率の雨量に対する治水ダムを設定するかで，評価額は大きく変動することになる．例えば，100年確率雨量とは100年に1度起きるような集中豪雨の雨量であり，それに耐えられるような治山ダムを想定して評価は行われている．一方で，例えば，利根川水系の河川整備基本方針では，利根川本川については200年確率流量と観測史上最大流量のいずれか大きい値を基準として採用することとなっている．これは，利根川が首都圏を氾濫区域にかかえることなどが考慮されている．このような，ある意味主観的な判断が含まれると，代替財の設定基準の妥当性についても議論をしなければならない．

　もう1つは，代替財が異なるサービスも同時に提供してしまう可能性であ

> **コラム3　野生鳥獣保護機能と代替法**
>
> 　過去に林野庁では，野生鳥獣保護機能を，森林性鳥類を動物園で飼育した場合の餌代から評価した結果を公表したことがある（林野庁，2000）．これには多くの批判が寄せられたが，その原因の1つは「野鳥」を「動物園で飼育される鳥」で代替したことへの違和感であったと考えられる．野鳥が人に飼われていない鳥だと定義するならば，動物園で飼育されている鳥は野鳥ではないので，両者は代替関係にはないことになる．さらに，森林の野生鳥獣保護機能の価値のかなりの部分は，「野鳥が生息できる豊かな森林」が持つ存在価値あるいは遺産価値にあるにもかかわらず，それらを含めずに野生鳥獣保護機能の価値を評価したことも，批判の大きな原因となったと考えられる．

る．ミネラルウォーターの魅力は，単に安全性だけではなく，水道水にはないおいしさもあるだろう．このような付加的なサービス（おいしさ）が存在すると，たとえ適切な代替財であったとしても，信頼性の高い結果を得ることはできないだろう．

　また，問題は代替財の市場価格にもあるかもしれない．例えば，森林の安定的な水供給の機能をダムで代替する場合を考えてみたい．代替財であるダムの建設費用は，効率的なダム建設での費用を前提としている．しかし，ダム建設では地域の雇用創出も意図されることが多いため，ダム建設自体，効率的に行われていないかもしれない．また，あってはならないことだが，業者が談合してダム建設の工事価格を吊り上げていれば，代替財の市場価格自体が歪んでいることになる．

　仮に適切な評価が実施できたとしても，表3.2のような森林の価値を算出するような場合は，評価の重複にも注意が必要である．表3.2に示した森林の有する機能の評価は，各項目については正しいかもしれない．水資源貯留

機能を代替するものとして治水ダムを，洪水緩和機能を代替するものとして利水ダムを設定するのは問題ないかもしれない．しかし，評価額を合算する場合には，治水ダムと利水ダムの両者の機能を兼ね備えた多目的ダムも，現実には数多く建設されていることを考慮する必要があるかもしれない．

　このように考えると，代替法によって信頼性の高い結果が得られるかどうかは，適切な代替財が存在するか否かに強く依存していることがわかる．適切な代替財が存在しなかったり，代替財を定義する過程で上記のようなさまざまな問題が生じたりする場合は，信頼性の高い結果は得られないであろう．

練習問題

まえがきに示したウェブサイトから「水質とミネラルウォーターの消費量のデータ（練習問題）」をダウンロードし，以下の手順に基づき防御支出法を適用して下さい．

1. ミネラルウォーターの消費量と所得に関係があるかどうかを検証するため，両者の相関係数を計算して下さい．
2. ミネラルウォーターの消費量を水質と所得で説明する回帰分析を行い，それぞれの係数を求めて下さい．この場合の水質の係数は，所得の影響を除いたうえで，水質がミネラルウォーターの消費量に与えている影響を示します．水質は 1～9 の 9 段階で示され，値が大きいほど水質がよいとします．
3. 新たに推定した水質の係数を用いて，水質が 1 段階悪化することが回避され，現在の水質で水道水が供給されることの年間の価値を再度計算して下さい．ただし，ミネラルウォーターの 1ℓ あたりの単価は 80 円，評価の対象は人口 100 万人の都市であるとします．

第4章

ヘドニック法

はじめに

　ヘドニック住宅価格法は，環境サービスが住宅価格（または家賃）に及ぼす影響をもとにその価値を評価する手法である．例えば，周辺に緑が多くて騒音の少ない快適な住環境にあるアパートには，高い家賃を払ってでも住みたいと思う人がいるだろう．多くの人がそのように考えれば，そのアパートの家賃は上昇するので，住環境の快適さは家賃に反映されることになる．ヘドニック住宅価格法は，このような住環境と家賃に関する情報に基づいて，環境サービスの価値を評価する．

> **💡 この章のポイント**
>
> - ヘドニック法は，財の価格はその財を構成する属性（構成要素）によって説明されるという考えに基づいている．ヘドニック住宅価格法でも，環境サービスを住宅価格の構成要素と捉えて，それを評価することを試みる．
> - 環境サービスと住宅価格との関係を表したヘドニック価格曲線から，環境の価値が評価されることを理解する．
> - 悪臭のない快適な住環境の価値を，住宅価格と悪臭の汚染源からの距離に基づいて評価する例を通じて，ヘドニック住宅価格法の仕組みを理解する．
> - ヘドニック住宅価格法は，地域限定的な環境の価値を評価する手法として有力であるが，理論および実務面で課題もある．

手法の概要

はじめに

ヘドニック法は，財の価格はその財を構成する属性（例えば，車ならばエンジンや車体，内装など車を構成する部分）によって説明されるという考えに基づき，属性ごとの潜在的な経済価値を評価する手法である．ヘドニック法は，最初は農作物の価格と品質の関係を分析する研究に適用された．その後，市場で取引されるような商品やサービスだけでなく，社会資本整備や環

第 4 章 ヘドニック法

境評価など，さまざまな対象の分析に広く用いられてきた．

環境評価の文脈で用いられるヘドニック法には，環境サービスが住宅価格に及ぼす影響からその価値を評価するヘドニック住宅価格法と，労働環境が賃金に及ぼす影響から環境リスクを評価するヘドニック賃金法がある．この章ではヘドニック住宅価格法について解説する（ヘドニック賃金法については第 11 章で取り上げる）．ヘドニック住宅価格法は騒音，大気汚染，水質，廃棄物処分場建設の影響など，幅広い対象の評価に用いられている．

具体例として，大気汚染の状況と住宅価格の関係から，大気汚染対策の価値を評価することを考えてみたい．住宅価格は，部屋数や築年数，交通アクセス，大気汚染の状況など，さまざまな属性によって決まっていると考えられる．仮に大気汚染の状況以外は，条件がすべて同じ 2 つの住宅があるとする（図 4.1）．住宅 A は大気汚染が深刻な地区に位置しているが，住宅 B は大気汚染のない，空気のきれいな地区に位置しているとする．大気汚染の状況以外はすべて同じ条件なので，もし同じ価格で売り出されているとするならば，多くの人は住宅 B を選ぶであろう．このような人々の選好を反映して，住宅 B に対する需要は高まり，価格も上昇することになる．住宅 A と住宅 B の価格の差は，大気汚染の違いのみによって生じているので，この差は大気汚染が存在しないことに対して最大支払ってもかまわない金額，つまり大気汚染対策によって，きれいな空気を得ることの評価額ということになる．これがヘドニック住宅価格法の基本的な考え方である．

実際には，大気汚染以外の条件がすべて同じ 2 つの住宅は存在しないことが多いので，さまざまな住宅のデータを集めて，統計的な手法（回帰分析）により環境サービスの住宅価格への影響を抽出する．住宅価格とそれに影響を及ぼす属性（部屋数，築年数，交通アクセス，……，大気汚染の状況）との関係を統計的に分析し，環境サービスが住宅価格にどのような影響を与えているかを推定するのである．

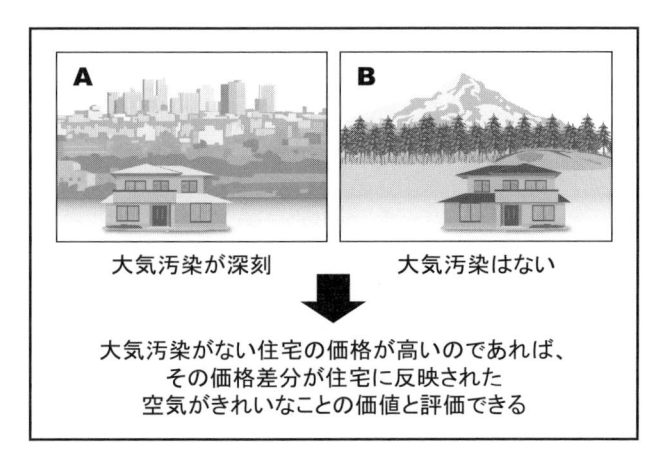

図 4.1　ヘドニック住宅価格法のイメージ図

ヘドニック住宅価格法の理論的枠組み

次にヘドニック住宅価格法の理論的枠組みについて説明したい．図 4.2 は縦軸にアパートの家賃 P，横軸に大気の質 Q をとっている．ここでは，家賃に影響を及ぼす属性のうち，大気の質以外はすべて固定し，家賃と大気の質の関係のみを描いている．他の条件が同じであれば，一般に大気の質が良い地域ほど家賃が高く，大気の質が悪い地域ほど家賃が低くなるので，家賃と大気の質の関係は図 4.2 のような右上がりの曲線として描くことができる．この曲線をヘドニック価格曲線と呼ぶ．

例えば，大気汚染対策を実施することで，大気の質が Q_0 から Q_1 まで改善したとする．このとき家賃は P_0 から P_1 まで上昇する．したがって，この家賃の上昇額 $P_1 - P_0$ を，大気の質が Q_0 から Q_1 まで改善したことの価値とみなすことができる．

以下は理論的枠組みのより詳しい説明であるが，内容はやや難しいため，初めて勉強する人は次の節まで読み飛ばしてもかまわない．

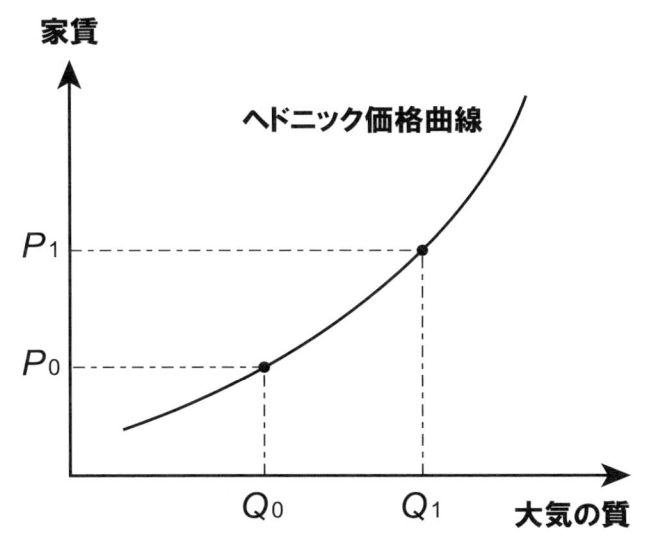

図 **4.2** ヘドニック価格曲線

――― やや専門的な内容なので、ここから読み飛ばしてもかまいません ―――

　図 4.3 は，同じく縦軸に家賃 P，横軸に大気の質 Q をとっている．θ は付け値曲線である．付け値とは，消費者がある一定の効用水準を達成するという条件のもとで，家賃に最大限支払うことができる金額を表している．ある付け値曲線は，ある効用水準のもとでの付け値を表しているので，効用水準が変化すれば，付け値曲線も変化することになる．効用水準を高く設定すれば，付け値曲線はより右下（家賃はより低く，大気の質はよりよい方向）に位置することになる．

　ここで，ヘドニック価格曲線と付け値曲線との関係を考えてみたい．ヘドニック価格曲線はアパートの家賃（市場価格）であり，これは消費者が市場で最低支払わなければならない金額を示している．そう考えると合理的な消費者は，ヘドニック価格曲線上にある最も効用の高いアパートを選択することになるだろう．つまり，付け値と市場価格は一致しているはずである．ヘ

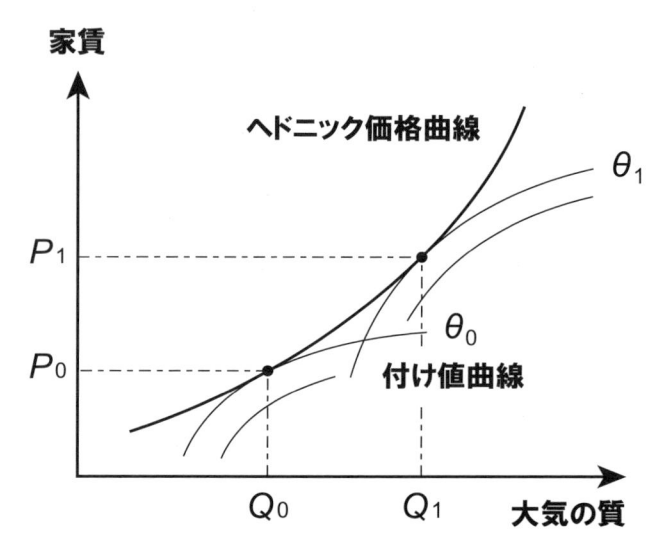

図 4.3　付け値曲線とヘドニック価格曲線

ドニック価格曲線と付け値曲線が接しているとも言い換えられるだろう．社会には所得や選好が異なる人々がおり，θ_0 や θ_1 のように異なる付け値曲線が存在する．例えば θ_0 は，大気の質が悪い代わりに家賃の安いアパートを好む消費者の付け値曲線を示しており，逆に θ_1 は大気の質がよい代わりに家賃の高いアパートを好む消費者の付け値曲線を示している．図 4.3 を見るとヘドニック価格曲線は，付け値曲線の包絡線（接点の集まり）となっていることがわかる．

　図 4.4 は，同じく縦軸に家賃 P，横軸に大気の質 Q をとっている．φ は指し値曲線である．指し値とは，生産者（大家）がある一定の利益水準を達成するという条件のもとで，家賃として最低限受け取る必要のある金額を表している．ある指し値曲線は，ある利益水準のもとでの指し値を表しているので，利益水準が変化すれば，指し値曲線も変化することになる．利益水準を高く設定すれば，指し値曲線はより左上（家賃はより高く，大気の質はより悪い方向）に位置することになる．

第 4 章 ヘドニック法

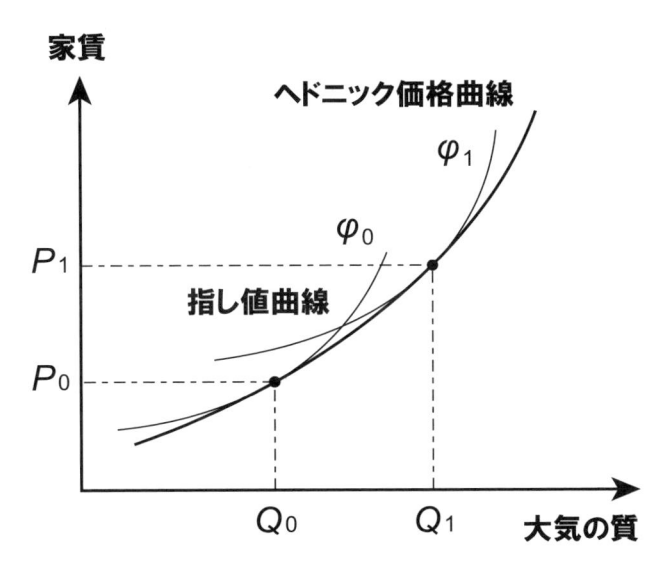

図 4.4 指し値曲線とヘドニック価格曲線

　ここで，ヘドニック価格曲線と指し値曲線との関係を考えてみたい．ヘドニック価格曲線はアパートの家賃（市場価格）であるため，生産者の立場からすると，市場で最大受け取ることができる金額を示している．
　そう考えると合理的な生産者は，ヘドニック価格曲線上にある最も高い利益をもたらす賃貸住宅を供給することになるだろう．つまり，指し値と市場価格は一致しているはずである．ヘドニック価格曲線と指し値曲線は接しているとも言い換えられるだろう．社会にはさまざまな生産者がおり，φ_0 や φ_1 のように異なる複数の指し値曲線が存在する．例えば，φ_0 は大気の質が悪い代わりに家賃の安いアパートを提供する生産者の指し値曲線を示しており，逆に φ_1 は大気の質がよい代わりに家賃の高いアパートを提供する生産者の指し値曲線を示している．図 4.4 を見るとヘドニック価格曲線は，指し値曲線の包絡線（接点の集まり）となっていることがわかる．
　以上から，ヘドニック価格曲線は付け値曲線と指し値曲線の包絡線となっており，均衡点においてこれら 3 つの曲線は同一の接線を共有することがわ

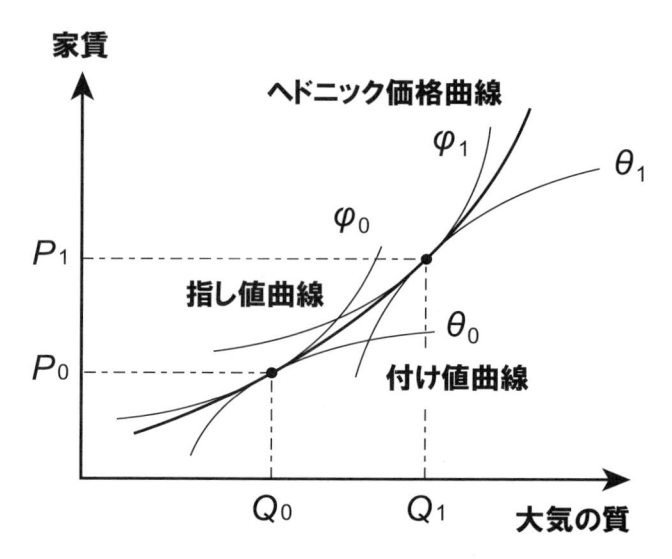

図4.5 付け値曲線，指し値曲線とヘドニック価格曲線

かる．つまりヘドニック価格曲線は市場均衡を表している（図4.5）．

このように，ヘドニック価格曲線（市場価格曲線）は，消費者と生産者の最適な行動の結果，付け値曲線と指し値曲線の接点の集まりとして定義される．言い換えると，消費者と生産者の取引による市場均衡として，ヘドニック価格曲線が表現できるのである．ヘドニック住宅価格法の理論的枠組みについては，巻末の文献紹介（さらなる学習に向けて）に記載されている中級者向けテキストも参照されたい．

――― やや専門的な内容なので、ここまで読み飛ばしてもかまいません ―――

分析の手順

ここからはデータを使いながら，ヘドニック住宅価格法の分析手順について紹介していきたい．この節で使用しているデータは，住宅（土地および建

物）の価格と悪臭（汚染物質）を排出する工場からの距離に関する仮想的なデータである（データはまえがきに示したウェブサイトから入手できる）．これまでの議論を踏まえると，消費者は悪臭以外の条件はすべて同じとすれば，悪臭の深刻な場所にある住宅よりも，より悪臭が少ない住宅を選ぶであろう．このため，後者の住宅に対する需要が高まり，価格が上昇しているはずである．つまり汚染源に近い住宅の方が安く，汚染源から離れている住宅の方が高く取引されていると考えられる（図4.6）．そこから，悪臭による損失あるいは悪臭が存在しないことの価値を評価してみたい．

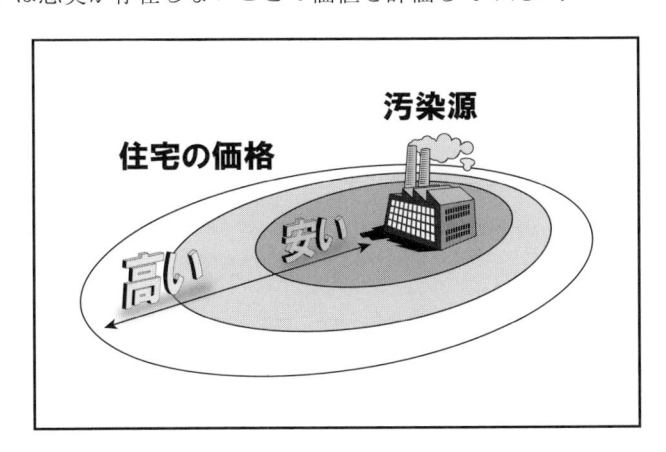

図 4.6 住宅価格と汚染源からの距離との関係

　住宅価格と悪臭を排出する工場からの距離のデータは，表4.1のような250件の仮想データである．住宅価格と悪臭を排出する工場からの距離との間には図4.7に示すような関係がある．ここでは悪臭を排出する工場からの距離によって住宅価格を説明することを試みている．回帰分析を適用すると，「住宅価格＝1155.05＋325.62×汚染源からの距離」と推定される．推定された回帰曲線の傾きは325.62であり，汚染源からの距離が離れるほど，住宅価格が上がっていることがわかる．
　この回帰曲線は，汚染源からの距離が0の場合，住宅価格の推定値は

表 4.1 住宅価格と汚染源からの距離のデータ

番号	住宅販売価格（円）	汚染源からの距離（km）
1	3,700	8.5
2	3,470	6.0
3	3,700	7.5
4	4,530	10.0
5	4,450	9.5
…	…	…
250	3,930	7.0

出典：筆者らによる仮想データ

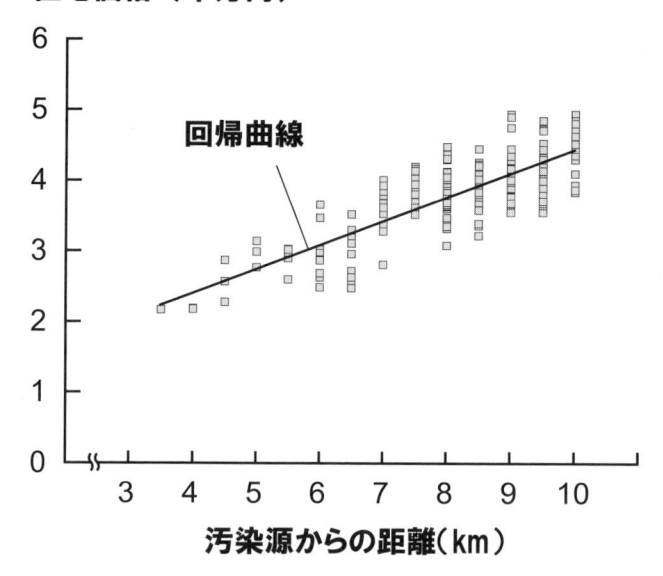

図 4.7 住宅価格と汚染源からの距離との関係（散布図）

1155.05 万円，また汚染源から距離が 1km 離れると住宅価格は 325.62 万円だけ上昇することを意味している．例えば，汚染源から 5.0km（5.0km 以上 5.5km 未満，以下同様）離れた場所の平均価格は 2,783（1155.05+325.62×5.0）万円であるが，汚染源から 6.0km 離れた場所の住宅価格の平均価格は 3,109（1155.05+325.62×6.0）万円である（表 4.2）．

　仮に汚染源から 10.0km 以上遠方では悪臭は認識されず，住宅価格に悪臭は影響していないとする．住宅の悪臭以外の条件はすべて同じであるから，悪臭がなかったとすれば，汚染源からの距離にかかわらず，す

表 4.2　悪臭による損失

距離(km)	平均住宅価格(万円)	差額(万円)	戸数	評価額(万円)
3.5	2,295	2,117	31	65,612
4.0	2,458	1,954	33	64,472
4.5	2,620	1,791	36	64,472
5.0	2,783	1,628	40	65,123
5.5	2,946	1,465	43	63,007
6.0	3,109	1,302	46	59,913
6.5	3,272	1,140	47	53,564
7.0	3,434	977	49	47,866
7.5	3,597	814	50	40,702
8.0	3,760	651	53	34,515
8.5	3,923	488	56	27,352
9.0	4,086	326	55	17,909
9.5	4,248	163	58	9,443
10.0	4,411	0	63	0
合計				613,950

べての住宅価格は 10.0km 以上離れた場所の住宅価格の平均 4,411 万円（1155.05＋325.62×10.0）で取引されているはずである．表 4.2 には，回帰曲線から推定された各距離での平均住宅価格と，平均住宅価格と悪臭が存在しない場合の住宅価格（10.0km 以上離れた場所の住宅価格の平均 4,411 万円）との差額が示されている．

　例えば，汚染源から 3.5km 離れた場所の平均的な住宅価格は，2,295（1155.05＋325.62×3.5）万円であるから，4,411 万円との差額 2,117 万円が，悪臭によって下落した住宅価格ということになる（表 4.2 の数値は四捨五入されている）．一方で，各距離帯に含まれる住宅戸数も調べることが可能であるから，各距離帯で悪臭が住宅価格に与えている影響の総額を計算することができる．例えば，汚染源から 3.5km 離れた場所であれば，「2,117 万円×31 戸＝6 億 5,612 万円」が，その距離帯で悪臭が住宅価格に与えている影響の総額ということになる．これらをすべての距離帯について計算して合計すると，悪臭が住宅価格に与えている影響の評価額を得ることができる．この場合，61 億 3,950 万円がその評価額ということになる．つまり，悪臭による損失あるいは悪臭が存在しないことの価値は，61 億 3,950 万円ということになる．

調査設計

データの収集

　ヘドニック価格関数を推定するためには，上記のように住宅価格を被説明変数に，住宅価格に影響を及ぼすさまざまな属性を説明変数にした回帰分析を行うことになる．上記の例では，住宅価格と汚染源からの距離だけを取り上げたが，実際の分析ではさまざまな住宅が存在するので，住宅価格を説明するために部屋数や築年数，交通アクセスなど，さまざまな属性を説明変

数とすることになる．このため住宅価格のデータだけでなく，住宅価格に影響を及ぼすさまざまな属性データを収集する必要がある．

　住宅価格のデータとして最も望ましいものは，実際の不動産取引価格のデータである．しかしながら，実際の取引価格のデータは入手困難である．そのため，多くの研究では公示地価や基準地価，路線価などの地価データを使用している．これらの地価データに関しては，国土交通省の土地総合情報ライブラリー（http://tochi.mlit.go.jp/）から得ることができる．このサイトでは，各地の土地の価格（取引価格，公示地価，基準地価）が検索できる．この他，住宅情報誌やインターネットの住宅情報サイトで検索を行うことでも，ある程度の住宅価格に関するデータを入手することが可能である．特に賃貸住宅の家賃に関しては，この方法でかなりの程度までデータを入手することができる．

　住宅価格に影響を及ぼすさまざまな属性データとしてよく用いられるのは，以下のようなものである．

1. 最寄り駅までの距離などの交通アクセスに関するデータ
2. 学校や公園などの公共施設へのアクセスに関するデータ
3. 商業施設などへのアクセスに関するデータ
4. 上下水道や電気，ガスの有無に関するデータ
5. 建ぺい率（敷地面積に対する建築面積の割合），容積率（敷地面積に対する建築延べ床面積の割合），高さ制限（その土地に建てられる建物の高さの上限）などの規制条件に関するデータ
6. 前面道路の幅員や歩道の有無，街路樹の有無など，周辺の道路の状況に関するデータ

　これらのうち主要なデータは，公示地価とともに上記の国土交通省の土地総合情報ライブラリーで入手することができる．また賃貸住宅に関しても，同様に住宅情報誌やインターネットの住宅情報サイトから収集することが可能である．また，水質や大気の汚染物質濃度といった環境サービスに関するデータも必要である．悪臭のように，客観的に数値化することが比較的難

しい場合は，調査対象者の主観的な評価を得ることも必要になるかもしれない．

上記のように，住宅価格に影響を及ぼす属性は複数となることがほとんどである．そこで注意しなければならないのは，回帰分析における多重共線性と呼ばれる問題である．多重共線性とは，相関の高い複数の変数を用いて回帰分析を行った際に，推定結果の信頼性が低下する問題である．

多重共線性に対する対処法のうち，最もよく用いられる方法は，相関の高い変数のうち，どれか1つだけを分析に用いるというものである．この場合，より説明力の高い変数を残す方法や，より欠損値の少ない変数を残す方法がしばしば用いられる．

ヘドニック住宅価格法の課題

ヘドニック住宅価格法は，住宅価格と住宅の属性データといった，入手しやすいデータのみで分析できるという利点を持つ．一方，ヘドニック住宅価格法にはいくつかの課題が存在している．すでに触れた多重共線性の問題も含め，ヘドニック住宅価格法の課題は理論的枠組み同様にやや難しいため，以下ではその内容を要約して紹介する．

まず述べなければならないのは理論的な問題点である．ヘドニック住宅価格法によって環境サービスの価値を評価する場合，過大評価となる可能性がある．図4.8にはヘドニック価格曲線と付け値曲線が描かれている．縦軸は家賃，横軸は大気の質である．例えば，大気汚染対策により，大気の質がQ_0からQ_1に改善することに対して最大支払ってもかまわない金額は，付け値曲線より$P_2 - P_0$であることがわかる．しかし，ヘドニック住宅価格法により推定したヘドニック価格曲線に基づいて評価を行った場合，評価額は$P_1 - P_0$となる．つまり，ヘドニック価格曲線に基づいて評価を行った場合には，$P_1 - P_2$だけ過大評価となっている．

すべての消費者が同質で，すべての消費者の付け値曲線が同一な場合は，ヘドニック価格曲線と付け値曲線が等しくなるため，ヘドニック住宅価格法

第 4 章 ヘドニック法

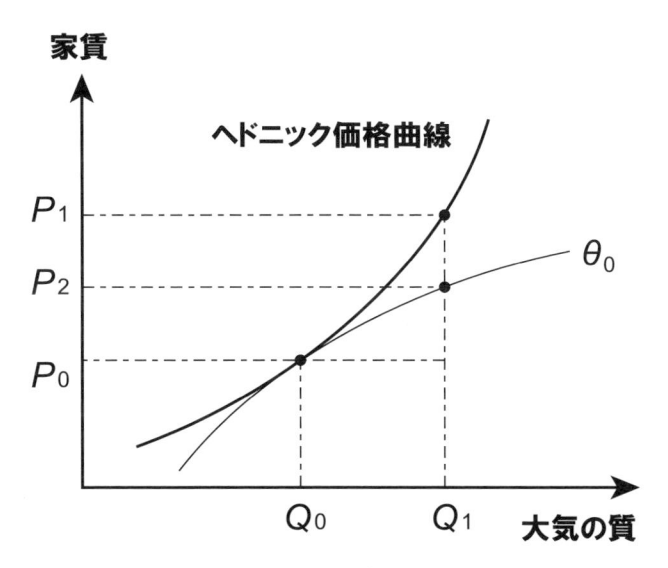

[図: 家賃を縦軸、大気の質を横軸に、ヘドニック価格曲線と付け値曲線 θ_0 を示す。価格曲線上に (Q_0, P_0) と (Q_1, P_1)、付け値曲線上に (Q_1, P_2) が示される。]

図 4.8 ヘドニック住宅価格法における過大評価

の評価額は支払意志額と等しくなる．しかし，選好が消費者によって異なり，付け値曲線が同一ではない一般的な状況においては，ヘドニック住宅価格法の評価額は支払意志額より大きくなり，上記のように過大評価となるのである．

過大評価の問題を回避するためには，ヘドニック価格曲線を推定したうえで，消費者の付け値曲線を推定する 2 段階の推定が必要である．しかしながら，付け値曲線の推定はほとんど行われることはない．ヘドニック価格曲線は市場価格から調べられるが，消費者の付け値曲線を調べることは消費者の個人の情報が必要であり困難だからである．ただし，ヘドニック価格曲線と付け値曲線は接点では傾きが等しいため，環境変化が微小な場合には，過大評価の問題は無視できる．詳細は巻末の文献紹介（さらなる学習に向けて）に記載されている中級者向けテキストを参照されたい．

一方，理論的な問題点以外にも，以下のような課題が存在している．第 1 に，住宅価格と住宅の属性データの関係から評価を行うため，住宅価格に影

> **コラム 4　多重共線性の問題**
>
> 　機能的で良好な都市環境を提供するため，都市計画法では用途地域と呼ばれる土地利用上の区分を設けている．良好な住環境を守るための地区では，建ぺい率や容積率，高さ制限などが厳しく設定されているが，商業地区や工業地区などではそれらは緩和されている．ただ，これらの規制の値は概ね連動して設定されている．つまり，建ぺい率や容積率，高さ制限は相関している．良好な住環境が提供されている地区は住宅価格が高く，それらを形づくっている建ぺい率や容積率，高さ制限は住宅価格の説明変数となりうるものであるが，その価格上昇分は建ぺい率でも容積率でも，あるいは高さ制限でも説明できてしまう．このように相関の高い説明変数で住宅価格を説明しようとすれば，どの要因が影響しているのかを識別できないので，推定結果が不安定になってしまうのである．さらに良好な住環境には，より所得の高い層が幅広い敷地面積を購入し，部屋数の多い住居を建設しているかもしれない．すると，これらの説明変数も建ぺい率や容積率，高さ制限と相関している可能性がある．
>
> 　逆にこのような相関は良好でない住環境でも生じている．例えば，首都圏の幹線道路に面した住宅では大気汚染が深刻であるが，同時に騒音もひどく，大気汚染と騒音の影響は相関していることになる．住宅価格が安価である理由は大気汚染なのか騒音なのか識別できないのである．このように考えると，多重共線性はヘドニック法にとってかなり根の深い問題であることがわかる．

響する環境サービスの価値のみしか評価できない．つまり，評価対象が騒音や大気汚染などの地域的なものに限定される．例えば，地球温暖化は地球的規模で被害が発生するため，日本中どこに住んでも被害はあまり変わらないだろう．また，東南アジアの熱帯林保全は日本の住宅価格には影響しないだろう．したがって，地球温暖化対策や熱帯林保全の価値はヘドニック住宅価格法により評価することができない．

第2に，住宅市場が完全競争市場であり，取引費用（経済行動を行う際に発生する費用）が存在しないといった仮定が必要となる．現実には不動産業者への仲介手数料や引越し費用などの，少なからぬ取引費用が必要である（中古住宅を購入する場合には，売買価格の10%程度の諸費用が発生することもある）．また完全競争市場では，環境サービスの質を含めた住宅に関するあらゆる情報が完全に公開されており，すべての消費者と生産者がその情報を把握していることが前提であるが，そのような状況は必ずしも現実的ではない．さらに，住宅は投資対象でもあるため，バブル期のような投機的な行動が生じると，住宅価格は住宅の属性以外の要因によって大きく左右されることになる．

練習問題

まえがきに示したウェブサイトから「住宅価格のデータ（練習問題）」をダウンロードし，以下の手順に基づきヘドニック住宅価格法を適用して下さい．このデータは，ある住宅分譲地からランダムに選んだ住宅 100 件の取引価格データである（筆者らによる仮想データ）．この住宅分譲地にある住宅の仕様はすべて同じであり，異なるのは駅からの距離，スーパーからの距離，森林公園からの距離だけである．

1. 駅からの距離，スーパーからの距離，森林公園からの距離の変数について相関係数を計算して下さい．
2. 住宅価格を被説明変数として，1) 駅からの距離，スーパーからの距離，森林公園からの距離の 3 変数を説明変数としたモデル，2) 駅からの距離，森林公園からの距離の 2 変数を説明変数としたモデル，3) 駅からの距離，スーパーからの距離の 2 変数を説明変数としたモデル，4) スーパーからの距離，森林公園からの距離の 2 変数を説明変数としたモデルをそれぞれ推定し，多重共線性の影響を検討して下さい．
3. 駅からの距離の逆数，森林公園からの距離の逆数の 2 変数を説明変数としたモデルを用いると，「住宅価格＝2,496.0＋501.4×1/駅からの距離 ＋496.1×1/森林公園からの距離」のような推定結果が得られます．ここで，駅からの距離の平均値 1.68km を代入すると，住宅価格に対する森林公園からの距離の影響は，「住宅価格＝2,794.4＋496.1×1/森林公園からの距離」と書き直すことができます．つまり森林公園が存在しない場合（厳密には距離がきわめて遠い場合），住宅価格の推定値は 2,794.5 万円です．これらの結果を踏まえ，以下の表の空欄を埋めて，森林公園が存在することが住宅価格に与えている影響の総額を求めて下さい．

森林公園からの距離（km）	平均推定価格（万円）	森林公園がない場合の価格（万円）	差額	戸数	評価額（万円）
0.5		2,794.4		15	
1.0		2,794.4		30	
1.5		2,794.4		75	
2.0		2,794.4		180	
合計					

第5章

トラベルコスト法
シングルサイトモデル

➤➤➤➤➤ はじめに ◀◀◀◀◀

　トラベルコスト法は，支払われた旅行費用に基づき，レクリエーションの価値を評価する手法である．例えば，森林公園を考えてみたい．森林公園では，遊歩道を散歩したり，野鳥や植物を観察したり，さまざまなレクリエーションを楽しむことができる．人々が森林公園を訪問しているのは，そのようなレクリエーションに対して価値を見いだしているからである．森林公園に高いレクリエーション価値を見いだす利用者は，より遠くから（あるいはより頻繁に）訪問しているので，旅行費用には森林公園のレクリエーション価値が反映されている．トラベルコスト法は，このようなレクリエーション行動と旅行費用に関する情報に基づいて環境サービスの価値を評価する．

> **この章のポイント**
>
> - トラベルコスト法には，シングルサイトモデルとマルチサイトモデルがあり，シングルサイトモデルにはゾーントラベルコスト法と個人トラベルコスト法がある．
> - ゾーントラベルコスト法は，同心円状に設定したゾーンからの訪問率と旅行費用との関係から評価を行う．
> - 個人トラベルコスト法は，訪問回数と旅行費用との関係から評価を行う．
> - 国立公園におけるレクリエーションの価値を，交通費から算出した旅行費用で評価する例を通じて，ゾーントラベルコスト法と個人トラベルコスト法の仕組みを理解する．
> - トラベルコスト法は比較的容易に適用できるが，旅行費用の算定方法により，評価額は大きく変動する可能性がある．

手法の概要

はじめに

　トラベルコスト法の起源は，統計学者・経済学者のハロルド・ホテリングが，1947年にアメリカの国立公園局長に宛てた手紙に遡ることができる．当時の国立公園局長は，国立公園の経済価値を評価するための方法を，ホテリングを含む数名の研究者に照会していた．これに対してホテリングが示した内容がまさにトラベルコスト法のアイディアであった．その後，数多くの

実証研究が行われ，手法の洗練化が進められている．

トラベルコスト法には大きく分けて2つの手法が存在している．シングルサイトモデル（単一のレクリエーションサイトの評価）とマルチサイトモデル（複数のレクリエーションサイトの評価）である．この章ではシングルサイトモデルについて紹介したい．シングルサイトモデルもゾーントラベルコスト法と個人トラベルコスト法という2つの手法に分けることができる．この章では両者の違いにも注目しながら紹介していきたい．

シングルサイトモデルの理論的枠組み

まずある利用者を例に，森林公園への1年間の訪問行動を考えてみたい．図5.1は，訪問回数とそれぞれの訪問時に最大支払ってもかまわない旅行費用を示している．例えば1回目の訪問に対して最大支払ってもかまわない旅行費用は P_1 である．訪問回数が増えるにしたがって，得られる満足感が減少していくと仮定すると，2回目，3回目と訪問回数が増えるにしたがって，最大支払ってもかまわない旅行費用も減少していくことになる．7回目の訪問までは，最大支払ってもかまわない旅行費用が実際の旅行費用 TC よりも大きいが，8回目の訪問では，最大支払ってもかまわない旅行費用が，実際の旅行費用 TC よりも小さくなるので，実際には訪問しないことになる．つまり，この利用者は森林公園を1年間に7回訪問することになる．このような，訪問回数とそれぞれの訪問に対して最大支払ってもかまわない旅行費用との関係を示したものは，個人のレクリエーション需要曲線と呼ばれている（この場合，階段状の部分）．個人のレクリエーション需要曲線を，すべての利用者について横方向に足し合わせれば，社会のレクリエーション需要曲線となる．

一方，このような7回の訪問から利用者が得られる満足感（便益）はどのように定義されるであろうか．まず1回目の訪問を例にとると，最大支払ってもかまわない旅行費用が P_1，実際の旅行費用が TC であるから，その差額 $P_1 - TC$ が1回目の訪問で利用者が得る利益ということになる．同じよ

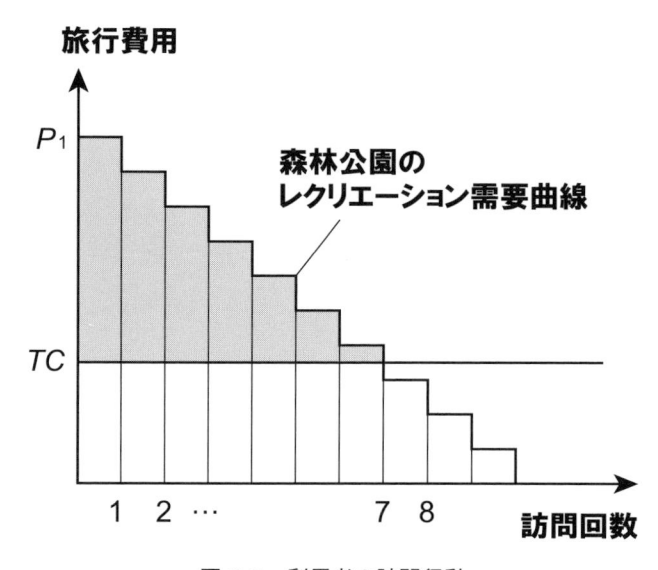

図5.1 利用者の訪問行動

うに考えると，図 5.1 の灰色で示した部分，つまり 1～7 回の各訪問で得られるそれぞれの利益の合計が，一連の訪問から得られる利益ということになる．計 6 回の訪問よりも計 7 回の訪問の方が灰色の部分が大きく，計 8 回の訪問では，8 回目の訪問で TC に届かない部分の面積が灰色の部分から差し引かれるので，この利用者にとってはやはり計 7 回の訪問が最適ということになる．この灰色の部分は，消費者余剰と呼ばれるものである．消費者余剰とは，支払意志額の集計額から実際に支払った金額を差し引いた金額（つまり消費者の利益分）を指す概念である．

このようにトラベルコスト法は，旅費と訪問行動の関係をもとに価値を評価するが，トラベルコスト法が環境評価手法として幅広く利用されているのはなぜだろうか．それはレクリエーションを行う場の環境変化が，訪問行動に及ぼす影響を調べることで，訪問地の環境価値を評価することが可能だからである．例えば，先ほどの森林公園の面積が開発によって減少したとしよう．遊歩道を囲む森林が伐採されたり，森林の減少に伴って野鳥を見かける

第5章 トラベルコスト法：シングルサイトモデル

機会が減少したりすれば，当然そこに見いだされるレクリエーション価値は低下することになる．場合によっては，得られる便益が訪問するために支払っている旅行費用に見合わないことも出てくるだろう．その場合，利用者は訪問を取り止めたり，訪問の頻度を減らしたりすることになる（図5.2）．

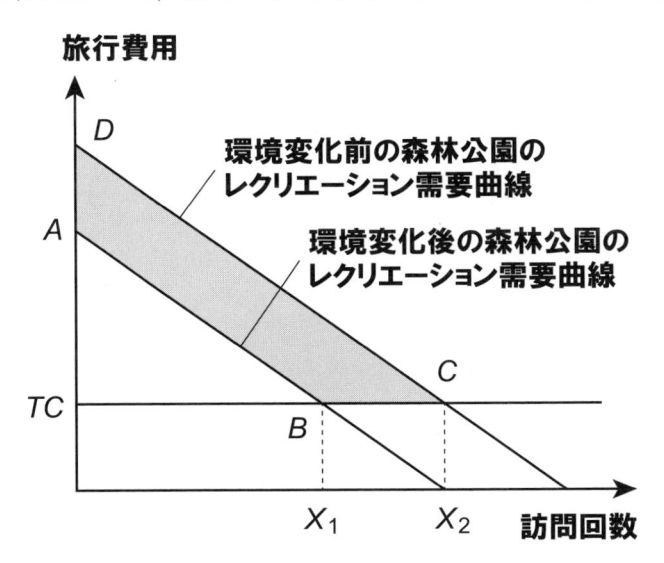

図5.2 社会のレクリエーション需要曲線のシフトと環境価値の変化

　図5.2では，1回目の訪問に対して最大支払ってもかまわない旅行費用が D から A に下がり，訪問回数も X_2 から X_1 に減少している．つまり社会のレクリエーション需要曲線は原点側にシフトしている．開発の前後で，レクリエーションに対する需要の変化を計測できれば，旅行費用に換算してどれだけの損失が発生したかを評価することができる．この場合，それぞれの社会の消費者余剰の差額である $DABC$（灰色の部分）が，開発によって失われた森林の価値に相当する（ただし，レクリエーション行動に反映される価値だけで非利用価値は含まれていない）．同じように森林面積が増加した場合の価値も評価することができる．

分析の手順

ここからはデータを使いながら，シングルサイトモデルの分析手順について紹介していきたい．この節で使用しているデータは，国立公園への訪問に関する仮想的なデータである（データはまえがきに示したウェブサイトから入手できる）．人々はこの国立公園を訪れてハイキングを楽しんでいるとする．国立公園を訪問するために費やされる旅費には，ハイキングによるレクリエーションの価値が反映されている．

ゾーントラベルコスト法

ハロルド・ホテリングのアイディアに基づいて，最初に実証研究が行われたのがこのゾーントラベルコスト法である．国立公園への訪問の文脈に沿う形で，この手法について説明していきたい．まず，すべての利用者が自家用車で訪れていると仮定し，レクリエーションを提供する国立公園を中心として，玉ねぎの輪切りのように，同心円状に旅行費用が等しいゾーンを設ける．ここでは旅行費用200円ごとにゾーンを設け，内側から1，2，3，…とゾーン番号を振ることとする．旅行費用は自家用車のガソリン代だけとし，ガソリンの価格は1ℓあたり100円，自家用車の燃費は1ℓあたり10kmと仮定している．つまり，国立公園から30km離れた居住地から訪れた利用者の旅行費用は，「100円×3ℓ×2（往復）＝600円」ということになる．利用者の居住地の情報は，利用者に対する聞き取り調査あるいはアンケート調査から明らかにすることができる．

各ゾーンの利用者数を計算し，またそれぞれのゾーンの人口を統計資料から調べることで，各ゾーンの国立公園への訪問率（人口に占める利用者の割合）を計算することができる（表5.1）．さらに各ゾーンの訪問率と旅行費用との関係をグラフにすると，図5.3に示すような関係となる．旅行費用が上

表 5.1　各ゾーンの訪問率

旅費（円）	各ゾーンの利用者数（人）	各ゾーンの人口（人）	各ゾーンの訪問率
0-200	17	2,032	0.008366
201-400	15	3,360	0.004464
401-600	39	9,452	0.004126
601-800	72	13,256	0.005432
801-1,000	55	16,742	0.003285
1,001-1,200	62	20,145	0.003078
1,201-1,400	72	23,695	0.003039
1,401-1,600	71	28,556	0.002486
1,601-1,800	66	32,659	0.002021
1,801-2,000	31	36,521	0.000849

出典：筆者らによる仮想データ

昇すれば訪問率は下がることから，訪問率は右に行くほど値が小さくなっている．この観測値に，回帰分析を用いて最も当てはまりのよい直線を引くと，図 5.3 の右下がりの曲線となる．ここでは，訪問率の対数値を旅行費用で説明することを試みている．回帰分析を適用すると，「訪問率の対数値 $= -4.731 - 0.0009237 \times$ 旅行費用」と推定される．

レクリエーション需要曲線が上記のような形（片対数型）である場合，訪問あたりの消費者余剰は，「$-1/$（レクリエーション需要曲線の傾き）」として求めることができる．さらにこの訪問あたりの消費者余剰の値に，国立公園の年間訪問者数をかければ，この国立公園の年間レクリエーション価値を算出することができる．例えば，年間 4 万人ののべ利用者が訪問する国立公園であれば，その年間レクリエーション価値は「$-1/(-0.0009237) \times 40,000 = 43,305,452$ 円」ということになる．

訪問率（対数値）

レクリエーション需要曲線

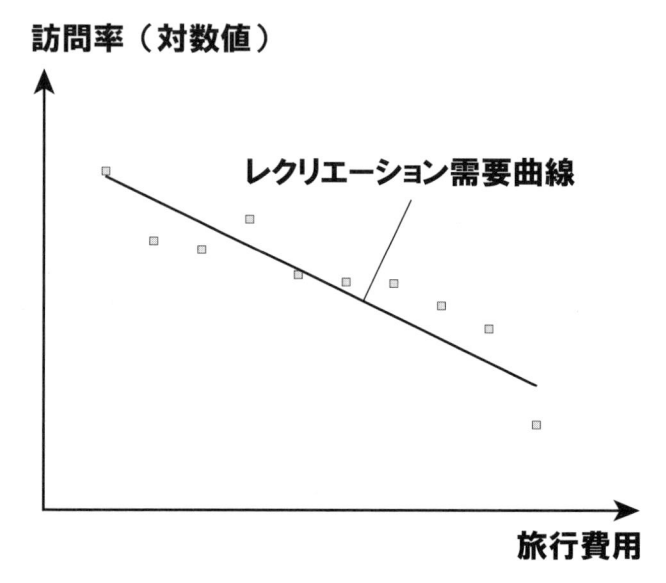

旅行費用

図 5.3　訪問率と旅行費用との関係

　この価値が意味するところをわかりやすく表現すれば，仮に何らかの理由によって国立公園の利用ができなくなった場合に，レクリエーション利用の喪失を通じて社会が被る年間の損害ということになる．もちろんこの損害の中には，国立公園の生物多様性の価値が損なわれることに対する損害などは含まれていない．あくまでもレクリエーション利用にかかわる損害である．

個人トラベルコスト法

　ゾーントラベルコスト法は利用者の訪問回数の情報ではなく，調査対象となった利用者の居住地の情報に基づき，レクリエーション需要曲線を推定している．一方，個人トラベルコスト法は，利用者の訪問回数と旅行費用との関係からレクリエーション需要曲線を推定する方法である．まず，表 5.2 に基づき，利用者の国立公園への訪問回数の対数値と旅行費用について，図 5.4 のような散布図を作成することができる．ちなみに，前節で使用した表

表 5.2　国立公園への訪問回数と旅行費用

番号	訪問回数（回/年）	旅行費用（円）
1	4	776
2	2	1,120
3	3	1,420
4	2	1,480
5	2	1,676
…	…	…
500	3	1,586

出典：筆者らによる仮想データ

5.1 は，表 5.2 に示した個人の訪問データを加工したものである．

　個人トラベルコスト法は，この散布図に対し，先ほど同様に回帰分析を適用して最も当てはまりのよい直線を引くことによって，レクリエーション需要曲線を求める方法である．回帰分析の結果，「訪問回数の対数値＝2.246 － 0.0008808× 旅行費用」と推定される．

　レクリエーション需要曲線が上記のような片対数型である場合は，訪問者 1 人あたりの消費者余剰は，「－λ/(レクリエーション需要曲線の傾き)」として求めることができる．ここで λ は，利用者の訪問回数の平均値（このデータでは 3.886）である．この訪問回数の情報も，利用者に対する聞き取り調査あるいはアンケート調査から明らかにすることができる．例えば，年間 1 万人の利用者が訪問する国立公園であれば（利用者の平均訪問回数が 3.886 であるから，年間約 4 万人ののべ利用者が訪問している），年間レクリエーション価値は「－3.886/(－0.0008808)×10,000＝44,118,983 円」ということになる．

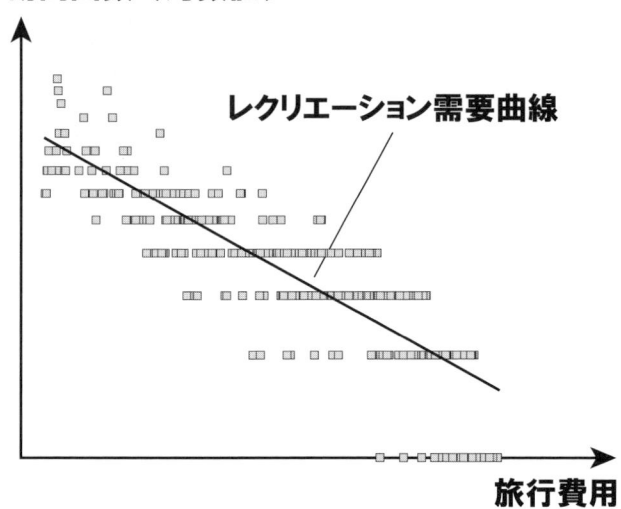

図 5.4　訪問回数と旅行費用との関係

それぞれの手法の特徴

　ここまで 2 つの手法について紹介してきたが，それぞれの手法にはどのような特徴があるだろうか．そもそもゾーントラベルコスト法は，ゾーンの訪問率を旅行費用だけで説明しようとしている．そのため，国立公園から旅行費用 200 円以内に居住している回答者は 17 人いるが，17 人の個性はレクリエーション需要にはまったく反映されていない．例えば，バードウォッチングを趣味にする回答者は，足しげく国立公園に通っているかもしれない．また所得の高い回答者は，遠くに居住していても頻繁に国立公園を訪問しているかもしれない．所得が大きければ，可処分所得が大きいので，実際の旅行費用が家計に与える影響は比較的小さいからである．ゾーントラベルコスト法では，これらの影響を分析に反映させることは基本的にできないのである．

一方，個人トラベルコスト法は，個人の訪問回数を旅行費用で説明しようとしている．図 5.4 では訪問回数を旅行費用だけで説明しようとしているが，旅行費用だけでなく，バードウォッチングを趣味にしているかどうかや個人の所得といった項目も変数化して，訪問回数の説明変数として用いることができる．そもそも利用者の訪問行動は，旅行費用だけでなく，個人の社会・経済的な属性や嗜好にも大きく影響されるので，図 5.4 のように散らばりが大きなデータが得られるのが普通である．しかしこのような散らばりも，適切な変数を分析に含めることで，説明できることがこれまでの研究で明らかになっている．

　このような理由から，シングルサイトモデルを適用する場面においては，近年は個人トラベルコスト法が使われることが多い．また近年は，個人トラベルコスト法の手法の洗練化が進んでおり，より適切な推定が行えるようになっている．例えば，シングルサイトモデルを適用する際は，現地において聞き取り調査あるいはアンケート調査を行うことがほとんどである．現地で調査を行うと，調査員は訪問回数が多い人により高い確率で遭遇することになる．つまり，回答者が訪問回数の多い利用者に偏るという問題が発生する．これに対して，個人トラベルコスト法ではカウントモデルと呼ばれるモデルに一部修正を加えることで，この問題を解決できることが明らかとなっている．このような対応はゾーントラベルコスト法では行うことができない．

　もちろん，利用者の訪問回数が 1 回ばかりで，複数回訪問する利用者が極端に少ないレクリエーションサイトの評価には，個人トラベルコストは適用できないので，依然としてゾーントラベルコスト法が使われることになる．

調査設計

シングルサイトモデルに必要な情報

　さて，このようなシングルサイトモデルによる評価を実施するためには，実際にどのような調査を行い，どのような情報を入手すればよいのだろうか．実はシングルサイトモデルでは，分析に必要となる情報はかなり容易に揃えることができる．具体的には，ゾーントラベルコスト法であれば，現地において聞き取り調査あるいはアンケート調査を行い，回答者の居住地と一定期間内に対象となるレクリエーションサイトに訪問した回数を把握すれば分析を行うことができる．

　個人トラベルコスト法も，同様に現地において聞き取り調査あるいはアンケート調査を行い，回答者の居住地と一定期間内に対象となるレクリエーションサイトに訪問した回数を聴取すればよい．ただし前述のように，個人トラベルコスト法は個人の訪問回数を，旅行費用をはじめとするさまざまな変数で説明することを試みるので，訪問回数を左右すると考えられる項目について質問を行うことが多い．例えば，性別や年齢，所得，趣味などの個人属性，レクリエーションサイトの環境に対する知識や認識など（例えば，生態系という言葉を知っているか，国立公園は自分の生活にとってなくてはならないものかなど）を聴取する．これらの項目は，評価する対象とするレクリエーションサイトを注意深く観察することで浮かび上がってくる項目も多い．例えば，親子連れや花の観察にくる利用者が多ければ，それらの項目は訪問回数を説明する有力な変数になるかもしれない．

旅行費用の計算

　トラベルコスト法は実際の消費行動に基づいたデータを利用するため，その意味では信頼性の高い分析手法である．ただし，その基礎となる旅行費用の計算方法については難しい課題も残されている．

　まず，分析に用いる旅行費用には，回答者から聴取した旅行費用を用いる場合と，調査側で居住地からレクリエーションサイトまでの距離をもとに推定した旅行費用を用いる場合がある（近年はカーナビソフトの普及もあり，2地点間の道路距離は比較的容易に算出することができる）．一般的には後者が用いられることが多い．前者は何を旅行費用に計上すべきかについて，回答者間で基準が統一されていないためである．後者はその点，旅行費用の計上方法は統一されている．ただ，調査側にはわからない実際には生じていた旅行費用については無視していることになるだろう．

　移動にかかった交通費以外にも，旅行費用として計上すべきものがある．例えば，レクリエーションに必要となる装備などは，その一部は費用として計上する必要があるだろう．例えばカヌーを行う場合，カヌーのレンタル料はレクリエーションを行うために必要な費用であるから，旅行費用として計上するのが適当であろう．ただそうするのであれば，カヌーを購入している利用者の旅行費用にも，カヌーの購入費用を何らかの形で計上しなければ，バランスがとれなくなるだろう．一方，このような利用者がカヌーを運搬するために自家用車まで買い替えていた場合はどうであろうか．確かにレクリエーションを行うために必要となる費用であるから，一部は旅行費用として計上する必要があるかもしれない．ただ，自家用車は他の用途（通勤や買い物）でも幅広く利用されるため，全額を旅行費用に含めるのはさすがに含めすぎであろう．このように考えると，実は何をどこまで旅行費用として計上すべきなのかは，時に難しい判断が必要になる．

　このような旅行費用の計上の問題の中でも，特に大きな問題が機会費用の取り扱いである．機会費用とは，ある選択肢を選ぶことで失われる，他の選

択肢を選んでいたら得られたであろう利益で測った費用である．レクリエーションについても，レクリエーションをすることで失われる，他の選択肢を選んでいたら得られたであろう利益が存在している．多くの利用者にとってそれは，「仕事をしていれば得られたであろう所得」である．つまり，レクリエーションをすることの価値は，移動にかかった交通費から評価される価値の他に，レクリエーションを行ったことで棒に振った所得から評価できる価値も含まれていることになる（つまり，所得を棒に振るだけの価値がレクリエーションにはある）．したがって，得られたはずの所得で測った機会費用も，レクリエーションの価値を評価する際に上乗せするのが妥当ということになる．

　機会費用は一般的に 1 時間あたりの所得（賃金）から計測するが，その計測方法は大きく分けて 2 つある．1 つは利用者の所得を直接聴取し，それを平均的な 1 ヵ月あたりの勤務時間で割ることで，1 時間あたりの所得を推定する方法である．一番簡便な方法に思えるが，所得をたずねる質問項目は回答率が低いことが多い．

　もう 1 つの方法は，個人属性（年齢や職業など）の情報と統計資料から，回答者の所得を推定する方法である．最も簡単な方法は，総務省（2011）の「家計調査（http://www.stat.go.jp/data/kakei/index.htm）」に示されている，勤労者世帯の 1 ヵ月あたりの可処分所得のデータを用いることである．ただしこのデータでは，年齢や職業による所得の違いを考慮することができない．もしそれらを考慮したいのであれば，総務省（2011）の「日本の統計・第 16 章：労働・賃金（http://www.stat.go.jp/data/nihon/16.htm）」などに示されている，詳細な統計情報を用いることになる．例えば，「産業別月間給与額」の統計表を用いれば，産業別の月間給与を調べることができる．このような方法で得た機会費用は，家計調査から得た機会費用よりも正確であるが，この統計表を利用するためには，職業を聴取する際に統計表の分類を用いる必要がある．産業別月間給与額の産業区分は 16 種類もあるため，回答者にとっては難解な質問となるだろう．またこの統計表では，「月間きまって支給する現金給与額」が示されているので，給与という形で賃金が支

払われない産業（例えば，農業や漁業）に従事している回答者の機会費用は，この統計表からは推定することができない．

このように計算した1時間あたりの所得であるが，そのままの金額を計上するわけではない．レクリエーション時の機会費用は，一般的にはCesario (1976) に基づいて，1時間あたりの所得（賃金）の1/3を計上することが通例となっている．

機会費用を適切に推定できたとしても，実際に計上しようとすると，さらにさまざまな問題が生じてくる．例えば，多くの会社員にとって休日は休日であり，レクリエーションを行っても行わなくても，得られる所得に増減はないかもしれない．一方で，有給休暇を使ってレクリエーションを楽しんでいる利用者もいるだろう．このような場合，機会費用は計上すべきだろうか．また，主婦や年金生活者の機会費用はどのように計算すべきだろうか．残念ながらこれらの扱いには正解がないため，実証研究では，機会費用を含めたモデルと含めないモデルを併記するなどの配慮が行われている．

🌱 コラム5　少なからぬ機会費用の影響

　もしあなたが学生ならば，大阪から東京まで移動する場合に，どのような交通手段を選ぶだろうか．多くの人は，安価な高速バスを選ぶだろう．新幹線に乗るには1万4千円前後必要になるが，高速バスならば6千円前後で東京まで行くことができる．もちろん高速バスを選べば9時間ほどバスに乗らなければならない．新幹線を利用すれば，2時間半ほどで東京に到着するので，新幹線を利用することは，6時間半に8,000円を支払っていることと同じである．しかし，実際には多くの社会人が新幹線を使っており，学生も社会に出れば新幹線を使うことになる．なぜだろうか．

　総務省の家計調査報告（家計収支編）によると，平成24年4～6月

（次ページに続く）

期の勤労者世帯の可処分所得（速報値）は 389,845 円である（総務省，2012）．8 時間労働で月 20 日勤務と仮定すると，1 時間あたりで 389,845/20/8 = 2,437 円の可処分所得を得ていることになる．仮に，給与が労働時間に比例するならば，高速バスを利用して 6 時間半の労働の機会を失うことは 2,437 円 × 6.5 = 15,841 円の損失を被ることと同じである．それならば，高くても新幹線で早く帰った方が，損失は小さくてすむことになる．社会人の視点から見れば，高速バスよりも新幹線を利用したほうが合理的である．

　このように，時間には機会費用が生じており，この費用はレクリエーションを行う場合にも適用されるものである．仮に先ほどの国立公園の年間レクリエーション価値について，移動時間と国立公園で 3 時間過ごすことに対する機会費用（1 時間あたりの所得の 1/3）を組み入れて評価を行うと，ゾーントラベルコスト法による評価額は 43,304,103 円ではなく，61,437,060 円と評価される．このように，機会費用が旅行費用に占める割合は，場合によってはかなり大きなものとなる。

第5章 トラベルコスト法:シングルサイトモデル

➤➤➤➤➤ 練習問題 ◄◄◄◄◄

まえがきに示したウェブサイトから「国立公園のレクリエーションのデータ（練習問題）」および「Excel でできるトラベルコスト（カウントモデル）」をダウンロードし，以下の手順に基づき個人トラベルコスト法を適用して下さい．

1. 訪問回数の対数値を旅行費用とバードウォッチングに関するダミー変数（バードウォッチングが趣味である人を 1，そうでない人を 0 とした変数）で説明する回帰分析を行い，それぞれの係数を求めて，改めて国立公園の年間レクリエーション価値を算出して下さい（この国立公園の利用者は，先ほど同様に年間 1 万人とします）．この場合の旅行費用の係数は，バードウォッチングの影響を除いたうえで，旅行費用が訪問回数に与えている影響を示しています．
2. 訪問回数は整数値しかとりません．被説明変数が整数値しかとらない場合，回帰分析を適用することには実は問題があります．そのため，カウントモデルと呼ばれる，整数値を被説明変数にできる分析が用いられています．「Excel でできるトラベルコスト（カウントモデル）」を使い，カウントモデルによって，改めて国立公園の年間レクリエーション価値を算出して下さい．また「Excel でできるトラベルコスト（カウントモデル）」では，回答者が訪問回数の多い利用者に偏る問題（オンサイトサンプリングによる内生的層化）についても，補正を行うことができます．補正を行った結果も算出して下さい（「Excel でできるトラベルコスト（カウントモデル）」については補論を参照）．

第 6 章

トラベルコスト法 マルチサイトモデル

はじめに

　この章で紹介するマルチサイトモデルも，旅行費用に基づきレクリエーションの価値を評価する手法である．シングルサイトモデルが1つのレクリエーションサイトの評価を行う手法であるのに対して，マルチサイトモデルは複数のレクリエーションサイト間の選択に基づいて評価を行う手法である．例えば，高いレクリエーション価値を持つ森林公園は，旅行費用が高くても他の森林公園より選択される確率が高くなるだろう．一方，そうでない森林公園は，旅行費用が低くても他の森林公園より選択される確率が低くなるだろう．マルチサイトモデルはこのようなトレードオフ関係に基づいて環境サービスの価値を評価する．

> **💡 この章のポイント**
>
> - マルチサイトモデルは，複数のレクリエーションサイトからどれか1つのレクリエーションサイトを選択するという行動をモデル化することで，環境サービスの価値を評価する．
> - マルチサイトモデルは，あるレクリエーションサイトの環境変化や閉鎖が，そのレクリエーションサイトや他のレクリエーションサイトの需要に及ぼす影響を分析することができる．
> - バードウォッチングのレクリエーション価値を，5つの森林公園間の選択行動から評価する例を通じて，マルチサイトモデルの仕組みを理解する．
> - マルチサイトモデルでは，基本的にオフサイトサンプリングに基づいた調査が必要で，また収集する環境属性の情報も多いことから，実施には多くの労力が求められる．

手法の概要

はじめに

　マルチサイトモデルに用いられる最も基本的なモデルは，ランダム効用理論に基づく条件付きロジットモデルである．このモデルの詳細を理解するには，統計学や経済学の知識が必要となるため，詳細は巻末の文献紹介（さらなる学習に向けて）に記載されているテキストにゆずるが，このモデルが今日幅広い分野において果たしている役割については述べておく必要がある．

前述のようにマルチサイトモデルでは，レクリエーションサイトが複数存在する状況において，各レクリエーションサイトが選択される確率に注目する．このような複数の選択肢からどれか1つを選ぶという状況設定は，レクリエーションに限らず，われわれの周りに無数に存在している．例えば，スーパーに買い物に行くことを想像してみたい．コメは「コシヒカリ」と「ひとめぼれ」のどちらにするか，サンマとイワシ，サバの中でどの魚を買うか，どのメーカーのティッシュペーパーにするか，さらには自宅まで歩いて帰るか，バスで帰るか，あるいはタクシーを拾うか……，われわれは常に選択をしながら生活していると言っても過言ではない．

実はマルチサイトモデルは，シングルサイトモデルのように，レクリエーションの価値を評価するために考案された手法というよりも，市場調査や交通工学で培われた選択行動をモデル化する手法（以降，選択モデル）を，環境の価値を評価するためにアレンジした側面がある．この章では，選択モデルからどのような仕組みで環境サービスの価値を評価するのか，順を追って紹介していきたい．

マルチサイトモデルの理論的枠組み

ここではある利用者を例に，森林公園への訪問行動を考えてみたい．シングルサイトモデルでは1年間の訪問行動を考えたが，ここではある1回の訪問行動について注目したい．ある利用者は，複数ある森林公園の中から，その利用者にとって最も望ましい（得られる効用が最も大きい）森林公園を1つ選んで訪問するとする．図6.1は，ある利用者がA〜Cの3つの森林公園から1つの森林公園を選択する状況を示している．

この利用者の居住地から，Aの森林公園は最も近い場所に位置しているため，Aまでの旅行費用TC_Aは，B・Cまでの旅行費用$TC_B \cdot TC_C$よりも小さい．旅行費用からだけ考えるならば，Aが最も望ましいレクリエーションサイトとして選択されることになる．しかしながら，利用者は旅行費用のみ

でレクリエーションサイトを決めているわけではない．多くの利用者は，森林公園の面積も訪問先を選択する際に考慮するであろう．森林面積の大きさからだけ考えるならば，C が最も望ましいレクリエーションサイトとして選択されることになる．しかし実際には，利用者はどちらかの属性だけに注目しているわけではない．より大きな面積の森林公園に行くために，追加的な旅行費用を支払ってもかまわないと考えている一方で，その旅行費用にも限度があるからである．つまり利用者は，旅行費用と森林面積とのトレードオフを考えて訪問先を決めていると考えるのが妥当である．このようにマルチサイトモデルでは，レクリエーションサイトの選択に関するトレードオフ関係を手掛かりに，レクリエーション価値を評価する手法である．

コラム 6　条件付きロジットモデル

　条件付きロジットモデルは，選択行動をモデル化する選択モデルの1つのモデルである．複数の選択肢からどれか1つを選ぶという行動をモデル化する手法として，幅広い分野で応用されている．特に応用が進んでいるのが，市場調査や交通工学の分野である．小売商品のシェアを把握したり，通勤・通学時の交通手段を把握したりすることは，これらの分野においては中心的な課題の1つである．

　例えば，ダニエル・マクファデンは 1970 年代にサンフランシスコで導入された新しい鉄道システムの需要予測を行った．通勤・通学をする人々に対して調査を行い，選択モデルを適用して新しい鉄道システムのシェアの予測を行ったのである．その予測値は 6.3% であったが，鉄道システム導入後に同じ回答者に調査をした結果，驚くべきことにその実測値は 6.2% であった（McFadden, 2001）．このような有用性から，選択モデルはその後も幅広く応用され，さまざまな社会的な貢献もなされてきた．条件付きロジットモデルを含む選択モデルを提唱したダニエル・マクファデンには，2000 年にノーベル経済学賞が与えられている．

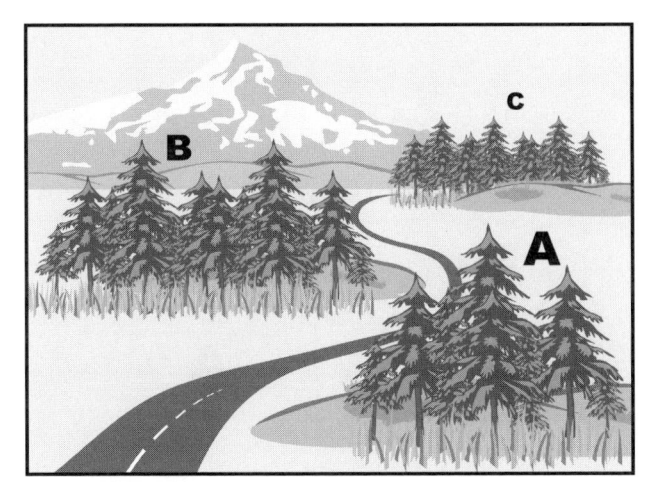

図 6.1 3つの異なる森林公園

　しかし，1人の利用者について得られる情報は，「どこかの森林公園を訪問し，残りの選択肢には訪問しなかった」という結果だけであり，選択確率に関する情報ではない．そこで，3つの森林公園の周辺に複数の利用者が居住している状況を考えてみたい．図 6.2 は図 6.1 を上空から眺めた図である．A～C の3つの森林公園の周りにあるアルファベット1つ1つが利用者とその居住地の位置を示しており，また A～C のアルファベットが，それぞれの利用者が，実際に訪問した森林公園を示しているとする．例えば C の森林公園の周辺にある C の文字は，その利用者が A～C の森林公園の中で，C の森林公園を選択して実際に訪問したことを示している．このような複数の利用者の訪問履歴に関するデータがあれば，各レクリエーションサイトが選択される確率を計算することができる．この場合，C の森林公園が選択される確率は $23/93=0.247$（24.7%）ということになる．図 6.2 に示される結果は，利用者は身近な森林公園を訪問先として選んでおり，森林面積はほとんど選択には影響していないことを表しているように見える．つまり，訪問確率は旅行費用にのみ影響され，森林面積には影響されていない状況である．

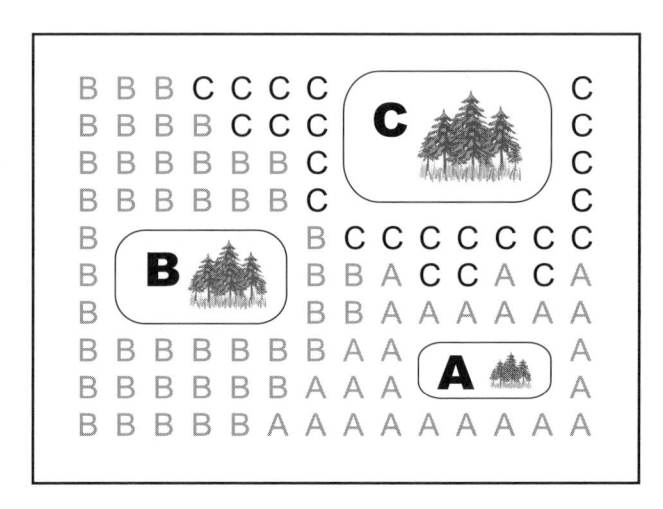

図 6.2　森林公園への訪問行動 1

　では図 6.3 のような状況はどうであろうか．確かに利用者は身近な森林公園を訪問先として選んでいる一方で，森林面積の大きなサイトには遠くからも利用者が集まっているように見える．森林面積が大きい C の森林公園には比較的遠方からも利用者が集まっており（51/93=0.548 より 54.8%），また A と B を比較すると，B の森林公園がより利用者を集めているように見える．つまり，図 6.3 に示される結果は，旅行費用だけでなく，森林面積も選択確率に影響を与えている状況である．

　マルチサイトモデルでは，まず調査対象となる範囲の利用者に対して，オフサイトサンプリングに基づいてアンケート調査を実施し，利用者の居住地とレクリエーションサイトへの訪問行動を把握する．聴取した居住地の情報に基づき，各利用者の各レクリエーションサイトまでの旅行費用が計算できる．そのうえで，各レクリエーションサイトが選択される確率を，旅行費用やレクリエーションサイトの属性（例えば，森林面積や遊歩道の距離）で説明する回帰分析を行うのである．

　これまでの回帰分析と同じように，旅行費用や森林面積の係数が推定され

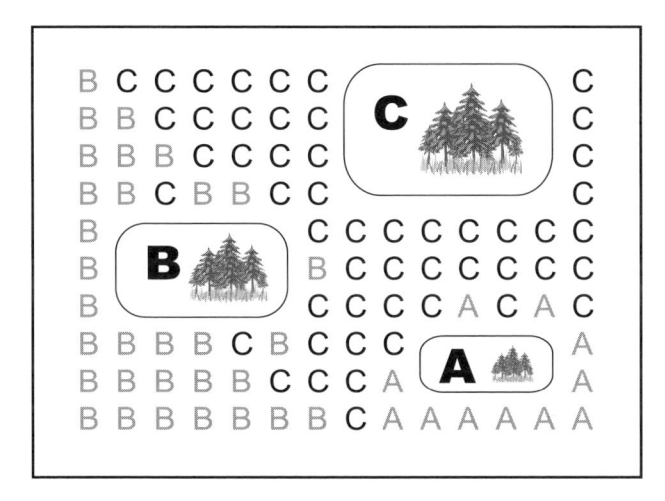

第 6 章　トラベルコスト法：マルチサイトモデル

図 6.3　森林公園への訪問行動 2

るとしよう．つまり，各レクリエーションサイトが選択される確率が「旅行費用の係数 × 旅行費用 + 森林面積の係数 × 森林面積」といった関係で説明できるとする．このような関係から，どのようにして環境サービスの価値を評価するのであろうか．

　まず旅行費用は，高くなればなるほど訪問確率を下げると想像できる．したがって，旅行費用の係数は負であると想定できる．また，上記のような関係式が推定されていれば，旅行費用が上昇した場合にどれだけ訪問確率が下がるかが具体的に予想できる．例えば，旅行費用が 3,000 円増加した場合に，訪問確率がどれだけ低下するのかは，「旅行費用の係数 ×3,000 円」を用いて計算することができる．

　一方，森林面積は，大きくなればなるほど訪問確率を上げると想像できる．したがって，森林面積の係数は正であると想定できる．同様に，森林面積が増えた場合にどれだけ訪問確率が上がるかが具体的に予想できる．例えば，森林面積が 100ha 増加した場合に，訪問確率がどれだけ上昇するのかは，「森林面積の係数 ×100ha」を用いて計算することができる．

上記の2つの影響は，一方は訪問確率を低下させ，一方は訪問確率を上昇させている．したがって，森林面積を1ha増大させても，そのメリットを相殺させるだけの旅行費用というものが存在するはずである．これは1haの森林面積の増加に対して，追加の旅行費用として支払ってもかまわない最大の金額であるから，1haの森林面積の増大に対する支払意志額ということになる．具体的には「森林面積の係数×1ha」が，「旅行費用の係数×1円」のどれだけ分にあたるか，つまり「−(森林面積の係数/旅行費用の係数)」でその支払意志額を求めることができる（マイナスが付いているのは，旅行費用の係数が負であるためである）．これがマルチサイトモデルによって，環境サービスの価値を評価する仕組みである．

シングルサイトモデルと同様，マルチサイトモデルでもレクリエーションサイトの環境変化を評価することができる．レクリエーションサイトの環境が変化したり閉鎖したりすれば，レクリエーションの価値も変化し，それに伴って各レクリエーションサイトの選択確率も変化する．例えば，ある森林公園の面積が開発によって減少したとしよう．森林が伐採されれば，当然そこに見いだされるレクリエーション価値は低下することになる．それが図6.1のCの森林公園で生じたとすれば，AやBの森林公園に訪問先を変更する利用者も出てくるだろう．つまり，Cの訪問確率は下がり，AやBの訪問確率が上がるという変化が生じる．このように環境変化と訪問確率の関係から環境変化の価値を評価することができる．

分析の手順

最も基礎的なマルチサイトモデル

ここからはデータを使いながら，マルチサイトモデルの分析について紹介していきたい．この節で使用するデータはある都市に存在する，A〜Eの合

計 5 つの森林公園の仮想的な訪問データである(データはまえがきに示したウェブサイトから入手できる).それぞれの場所では野鳥が観察できるとする.これまでの調査に基づき,それぞれのサイトで観察できる野鳥の種類は,表 6.1 に示すように 15 種から 25 種であるとする.バードウォッチングを趣味とする利用者は,見られる野鳥の種数が多いレクリエーションサイトをより訪問したいと考えているが,一方でレクリエーションサイトまでの旅行費用も考慮して訪問するレクリエーションサイトを選択しているとする.ここでは,そのトレードオフ関係から,野鳥観察に対するレクリエーション価値を評価する.

表 6.1 各サイトの環境属性

レクリエーション サイト	観察できる 野鳥の種	総選択数	選択確率
A	20	54	18.0%
B	15	6	2.0%
C	22	117	39.0%
D	16	4	1.3%
E	25	119	39.7%

出典:筆者らによる仮想データ

　この分析で注意したいことは,表 6.1 で示された選択確率を観察できる野鳥の数だけで説明しようとしているわけではないことである.確かに観察できる野鳥の数が多いサイトは選択確率も高いが,表 6.1 の情報には,回答者の旅行費用の情報が含まれていない.選択確率には旅行費用もかかわっているので,表 6.2 に示すような,回答者の居住地とサイト A〜E までの旅行費用の情報も分析に含めなくてはならない.

　条件付きロジットモデルでは,各サイトの効用 (U) が観察可能な確定効用 (V) と誤差項 (ε) の合計で示されると仮定する ($U=V+\varepsilon$).観察可能

表 6.2　各レクリエーションサイトと回答者の居住地間の旅行費用

回答者	居住地からの旅行費用（円）					実際に選択 されたサイト
	A	B	C	D	E	
1	1,414	4,472	3,606	4,000	5,831	C
2	1,000	3,606	3,162	4,123	5,385	A
3	1,414	2,828	3,000	4,472	5,099	A
4	2,236	2,236	3,162	5,000	5,000	C
5	3,162	2,000	3,606	5,657	5,099	A
…	…	…	…	…	…	…
300	5,000	3,000	3,606	4,123	1,000	E

出典：筆者らによる仮想データ

な確定効用は「$V=\beta_{種数}\times$ 各サイトで観察できる野鳥の種数 $+\beta_{旅行費用}\times$ 各サイトまでの旅行費用」によって表現されるとしよう．ただし，β は推定される係数であり，それぞれの属性変数が1単位増加したときの効用の変化分を意味する．サイト A～E の選択確率は，各サイトの効用を用いて記述することができ，例えばサイト A の選択確率は，「サイト A の選択確率＝exp(サイト A の確定効用 V_A)/{exp(サイト A の確定効用 V_A) $+\cdots+$ exp(サイト E の確定効用 V_E)}」として計算することできる．選択結果（どのレクリエーションサイトが選択されたか）と，各サイトまでの旅行費用，レクリエーションサイトの属性は観測されたデータが存在するので，モデルが最も当てはまりが良くなるように係数を推定することになる．

　推定を行うと，観察できる野鳥の種の係数は 0.538，旅行費用の係数が－0.00137 と計算される．このことは，観察できる野鳥の種が1種増えると，0.538 だけ効用が増大し，逆に1円旅行費用が増加すると，0.00137 だけ効用が減少することを意味している．野鳥の種が1種増えるものの，旅行費用が増加することで効用が相殺する値を求めると，「－0.538/(－0.00137)

=392.7」となる．つまり，観察できる野鳥の種が1種増えることに対して，訪問者は最大392.7円の旅行費用を追加的に支払ってもかまわないと考えていることになる．

調査設計

マルチサイトモデルに必要な情報

　マルチサイトモデルを適用するためには，対象とするレクリエーションを行う人々（母集団）を設定し，その中からランダムサンプリングに基づき，レクリエーションサイトの選択結果（どこを訪問したか）と居住地のデータを収集する必要がある．幅広い利用者層を対象として，森林公園のレクリエーション価値を評価するような場合であれば，対象地域において，郵送調査などを行うことになるだろう．さらに広域の調査であれば，調査会社を通じたインターネット調査などが利用されることになる．一方，バードウォッチングに対するレクリエーション価値を評価するような場合であれば，バードウォッチャーの団体など，特定のレクリエーションを行う団体を通じて調査を実施することもできるかもしれない．どちらにしても，適切な母集団を見つけ出すことが必要である．また，概して調査は大掛かりにならざるをえない．それなりの調査経費は見込んでおく必要がある．

　前述のように，マルチサイトモデルを適用するためには，選択にあたって検討された選択肢の情報が必要である．つまり，どのレクリエーションサイトが選ばれたのかだけでなく，どのレクリエーションサイトが選ばれなかったのかも情報として必要である．多くの場合，選択肢の特定は調査票の設計前に現地調査を行い，その結果に基づいて調査側が行うことになる．前述の例を用いれば，事前の調査から森林公園A～Eが存在することを調査側が事前に把握し，分析を行うことになる．場合によっては，アンケート調査にお

いて，選択の際に候補とした選択肢をたずねることもあるが，選択肢の数が多くなると，回答者がそれらを回答することが困難になる．また多くの回答者は，実際に選択した（訪問した）先は覚えていても，候補となった選択肢まですべて覚えてはいないことが多い．

　また，選択肢となったすべてのレクリエーションサイトの環境属性と，各レクリエーションサイトから各回答者の居住地までの旅行費用の情報，性別や年齢，所得，趣味などの個人属性，レクリエーションサイトの環境に対する知識や認識なども必要である．環境属性については，すでにデータが存在していればよいのであるが，そうでない場合，分析を行うことができないかもしれない．例えば，前述の森林公園A～Eに関して，森林公園A，B，Cについては，野鳥の生息に関するデータが得られているが，森林公園DとEについては得られていないとすると，バードウォッチングのレクリエーション価値を推定することはできないことになる．日本では主要な国立公園や国定公園などでは，さまざまな環境属性が調べられているが，それ以外の場所では環境属性のデータが存在しない場合も多い．評価対象の選定を行う際には，データの有無についても慎重に検討する必要がある．

　旅行費用の情報，性別や年齢，所得，趣味などの個人属性，レクリエーションサイトの環境に対する知識や認識などは，シングルサイトモデルと共通である．ただし旅行費用については，選択したレクリエーションサイトに対する情報だけでなく，選択しなかったレクリエーションサイトに対する情報も必要となるため，旅行費用の計算にはかなりの労力が必要になる．仮に300人の回答者が5つの競合するレクリエーションサイトからの選択をしている場合，「300×5＝1,500」の旅行費用を計算しなければなならない．

シングルサイトモデルとの使いわけ

　マルチサイトモデルを理解したうえで，最後に前章で紹介したシングルサイトモデルとの使い分けについて考えてみたい．字面どおりに理解すれば，シングルサイトモデルはレクリエーションサイトが単一である場合，マルチ

サイトモデルはレクリエーションサイトが複数ある場合に適用されることになる．レクリエーションサイトが単一である場合，マルチサイトモデルは適用できないが，レクリエーションサイトが複数ある場合は，特定のレクリエーションサイトに対してシングルサイトモデルを適用することも可能である．

しかしながら，レクリエーションサイトが複数ある場合に，シングルサイトモデルを適用することは適当でない場合も多い．それは，レクリエーションサイト間に代替関係が存在する場合である．例えば，第5章で述べた森林公園の面積が開発によって減少した状況を想定しよう．森林公園が単一である場合，79ページの図5.2で示したように，消費者余剰の差額である$DABC$が開発によって失われた森林の価値となる．しかしながら代替的な森林公園がある場合，評価対象となる森林公園の面積が減少したとしても，代替的な森林公園に訪問先を変更することができるので，そこで一定の消費者余剰を得ているのであれば，上記の差額を失われた森林の価値とみなすことができなくなる．

一方で，森林公園が複数ある場合でも，お互いの代替関係が希薄であればシングルサイトモデルの適用も可能である．例えば，評価対象となっている森林公園の利用規模が，代替的な森林公園のそれらを無視できるほど大きなものであったり，評価対象とされているレクリエーション活動が，他の森林公園では提供されていないような場合には，シングルサイトモデルの適用も有効であろう．マルチサイトモデルの調査は，前述のようにランダムサンプリングを用いるために大掛かりになりがちである．その意味からも，より敷居の低いシングルサイトモデルの適用は検討に値するものである．

ただし，シングルサイトモデルとマルチサイトモデルを比較した場合，経済理論との整合性，モデルの柔軟性や汎用性の点で，マルチサイトモデルの方が明らかに優れている．例えば汎用性について言えば，特定のレクリエーションサイトを選択する利用者層が，どのような利用者層なのかを解明する分析を行ったり，次章以降で紹介する表明選好法と結合推定を行ったりできるなど，マルチサイトモデルを用いることで，さまざまな応用的な分析を行

うことができる（これらについては第 13 章で紹介する）．確かにマルチサイトモデルの実施には多くの労力が求められるが，それに見合うだけの成果も見込めるやりがいのある手法であることは強調しておきたい．マルチサイトモデルの有用性については栗山・庄子（2005）を参照されたい．

> **コラム 7　条件付きロジットモデルの限界**
>
> 　最も基礎的なマルチサイトモデル（条件付きロジットモデル）では，IIA 仮説（無関係な選択肢からの独立性の仮説）と呼ばれるものを前提としている．この仮説が意味するところを，大阪から東京まで移動することを例に考えてみたい．
> 　交通手段の選択肢に挙がっているのは，A 社の高速バスと新幹線である．時間はかかるが安価な A 社の高速バスを利用して得られる効用と，時間は短いが高速バスより高価な新幹線を利用して得られる効用が同じであるとすれば，両者の選ばれる比率は 1:1 になる．
> 　ここに B 社の高速バスが参入してきたとしよう．サービスは A 社とまったく同じである．選択肢が二択から三択になった場合，三者の選ばれる比率はどうなるであろうか．効用が同じであるから 1:1:1 と言いたいところであるが，よくよく考えると，A 社の高速バスと B 社の高速バスは，社名が異なるだけで同じ高速バスであることに気づくだろう．そのため，A 社のシェアを A 社と B 社とで折半するだけで，比率は A 社の高速バス:B 社の高速バス: 新幹線 ＝ 1:1:2 となる．
> 　このように，似た者同士が選択肢として含まれる場合には，相応の対応が必要である．上記の例であれば，高速バスか新幹線を選び，高速バスが選ばれた場合のみ A 社か B 社かが選択できるような，2 段階の構造を考えなければならない．そしてこのような状況設定は，実はわれわれの周りに広く存在しているものである．例えば，「新潟県産コシヒカリ」「茨城県産コシヒカリ」「ひとめぼれ」のどれかを
> 　　　　　　　　　　　　　　　　　　　　　　（次ページに続く）

選ぶ状況設定では，われわれはまずはコシヒカリを買うか，ひとめぼれを買うかを選ぶであろう．最も基礎的な条件付きロジットモデルではこのような階層的な選択行動に対応することができない．条件付きロジットモデルでは，このような選択肢であってもお互いに関係はないものとして扱うという，非現実的な前提が必要とされるのである．

　今日では分析手法が進展し，IIA仮説を前提としないモデルが考案されているため，階層的な選択行動や消費者の選好の多様性を考慮することが可能となっている．これらのモデルと比較すると，IIA仮説を前提とした条件付きロジットモデルによる推定結果は，確かに非現実的であるが，大まかな推定結果を把握するには十分に有効である．

練習問題

まえがきに示したウェブサイトから「森林公園のレクリエーションのデータ（練習問題）」および「Excel でできるトラベルコスト（マルチサイトモデル）」をダウンロードし，以下の手順に基づきマルチサイトモデルを適用して下さい．このデータは，上記で用いた森林公園の利用者に関するデータです．

1. 「Excel でできるトラベルコスト（マルチサイトモデル）」を使い，森林公園の訪問確率を旅行費用と見られる野鳥の種数で説明して下さい（「Excel でできるトラベルコスト（マルチサイトモデル）」については補論を参照）．定数項は「定数項（ASC）なし」と設定して推定してください．そのうえで，得られた係数から，野鳥1種類を見ることに対して追加的に支払ってもかまわない旅行費用を計算して下さい（この問いは，本文中の推定結果を再現するものです）．

2. サイトEは最も人気のある森林公園ですが（101ページ表6.1），イノシシの出没により一時的に閉鎖となったとします．サイトAまでの旅行費用が2,000円，サイトBまでの旅行費用が2,000円，サイトCまでの旅行費用が3,000円，サイトDまでの旅行費用が4,000円の場所に住んでいる訪問者が，サイトEを除く4つの選択肢の中からサイトAを選択する確率を推定して下さい．ここで，4つの選択肢の中からサイトAを選択する確率は，「サイトAの選択確率＝exp(サイトAの確定効用V_A)/{exp(サイトAの確定効用V_A) + exp(サイトBの確定効用V_B) + exp(サイトCの確定効用V_C) + exp(サイトDの確定効用V_D)}」として計算することができます．

3. 上記の状況で，仮にサイトBとサイトDで見られる野鳥の種数がどちらも20種類に増えた場合，サイトAを選択する確率がどのようになるか推定して下さい．

第7章

仮想評価法
手法の概要

はじめに

　これまで紹介した，代替法やヘドニック法，トラベルコスト法は，人々の行動に基づいて環境の価値を評価する顕示選好法であった．ここから紹介する仮想評価法とコンジョイント分析は，環境変化に対する支払意志額や受入補償額を直接人々にたずねる表明選好法である．ヘドニック法やトラベルコスト法などの顕示選好法では評価することができない非利用価値についても評価することができる．一方で，環境変化に対する説明内容（シナリオ）による影響を受けやすく，適切にシナリオを設計しなければ評価結果の歪み（バイアス）が発生する．このため，仮想評価法の信頼性をめぐっては，これまで大きな論争が繰り広げられてきた．

仮想評価法を用いて信頼性の高い評価を行うためには，さまざまな注意が必要となる．取り上げなければならないトピックが多岐にわたるため，「手法の概要」「分析の手順」「調査設計」というこれまでの構成を変更し，それぞれを1章ずつ，3つの章にわたって紹介したい．

> **この章のポイント**
>
> - 仮想評価法は，シナリオ（環境変化を記述した仮想的な説明内容）を回答者に提示し，それに対する支払意志額をアンケート調査により聞き出すことで環境サービスの価値を評価する．
> - 支払意志額の聞き出し方には4つの形式があるが，二肢選択形式が最も優れている．
> - シナリオの設計や調査方法などに起因する評価額の歪みはバイアスと呼ばれており，バイアスの回避は仮想評価法の大きな課題である．
> - 信頼できる評価結果を得るための指針として，NOAAガイドラインが示されている．

仮想評価法の特徴

仮想評価法は，環境変化に対する人々の支払意志額や受入補償額を直接聞き出すことで，環境サービスの価値を評価する方法である．このため，人々の意見に基づいて環境サービスの価値を評価する表明選好法に分類される．仮想評価法はあらゆる価値を評価することができるため，これまで紹介してきた安全な水道水が供給される価値，悪臭が存在しないことの価値，国立公

園のレクリエーション価値なども評価することが可能である．ただ，顕示選好法が適用できる状況であれば，表明選好法よりも顕示選好法が選択されることも多い．人々の意見に基づいて評価を行うよりも，人々の実際の行動に基づいて評価を行った方が，信頼性が高いと考えられているからである．一方，仮想評価法の大きな特徴は，顕示選好法では評価することのできない非利用価値を評価できることである．地球温暖化や生物多様性の喪失などの地球環境問題の多くは非利用価値にかかわるものであるが，仮想評価法を用いれば，これらの非利用価値を評価することが可能である．

人々に支払意志額や受入補償額をたずねるという仮想評価法のアイディアは 1940 年代に生まれ，1960 年代からは実証研究も始まっている．このように仮想評価法は，古くから存在していた手法であったが，それほど注目される手法ではなかった．どちらかというと当時は，トラベルコスト法などの顕示選好法が主流の環境評価手法であった．しかし 1980 年代以降，地球温暖化，熱帯雨林の伐採，生物多様性の喪失など，非利用価値がかかわる地球環境問題が深刻化するにしたがって，仮想評価法は世界的に注目を集めるようになった．そして，その流れを象徴づける出来事が，第 1 章で紹介したエクソン・バルディーズ号の原油流出事故であった．

仮想評価法では，環境変化を記述した仮想的な説明内容を回答者に提示する．第 1 章で紹介したように，エクソン・バルディーズ号の原油流出事故を受けた調査では，同じような原油流出事故を発生させないように，タンカーに護衛船を伴わせることを義務づける保全策が回答者に提示された．このような仮想的な説明内容は「シナリオ」と呼ばれている．仮想評価法のポイントはこのシナリオの設計にある．

シナリオの設計がうまく行われないと評価額の信頼性が低下することになる．例えば，環境改善が消費税の増税によって実施されるシナリオを回答者に提示したとする．環境改善には賛成だが，消費税の増税に反対である回答者は評価額を 0 円と表明するかもしれない．このような回答が多いと，環境改善に対する評価額は低く歪められてしまうことになる．もちろんこのような信頼性の低下は，シナリオの設計だけでなくアンケート調査の実施過程

でも生じる可能性がある．例えば，聞き取り調査（面接調査）の場合，アンケート調査の調査員の説明が画一化されていないと，調査員の違いが回答に影響するかもしれない．このようなさまざまな原因によって生じる評価額の歪みは「バイアス」と呼ばれている．バイアスをめぐっては，これまで激しい論争が繰り広げられてきている．

　この章では，シナリオの設計とバイアスの回避に焦点を当てながら，仮想評価法が具体的にどのような説明内容を回答者に提示し，回答者にどのような質問を行うのか，その概要を紹介していきたい．得られた回答をどのように解析するかについては第8章で，シナリオの設計手順やアンケート調査の実施方法などについては第9章で詳しく紹介したい．

仮想評価法の質問

支払意志額と受入補償額

　第2章で紹介したように，環境サービスの価値は環境改善に対する支払意志額，環境悪化回避に対する支払意志額，環境悪化に対する受入補償額，環境改善中止に対する受入補償額の4通りの方法で評価することができる．例えば，森林の価値を評価する場合には，以下のような4通りの聴取の方法がある．

1. 環境改善に対する支払意志額：森林を20ha再生するために，最大いくら支払ってもかまわないと思いますか？
2. 環境悪化回避に対する支払意志額：森林を20ha伐採する計画を中止させるために，最大いくら支払ってもかまわないと思いますか？
3. 環境悪化に対する受入補償額：森林を20ha伐採する計画が実施される場合，最低いくら補償が必要だと思いますか？

4. 環境改善中止に対する受入補償額：森林を 20ha 再生する計画が中止されることになった場合，最低いくら補償が必要だと思いますか？

環境改善に対する支払意志額と環境悪化に対する受入補償額の状況についてのみ図に示すと，図 7.1 と図 7.2 のようになる．

第2章で紹介したように，4 通りの聞き方の中でどの設定を選択すべきかは権利の設定状況に関係している．例えば，環境改善に対する支払意志額は，森林がない状況から森林が再生されて 20ha になる状況を要望する設定になっている．つまり 20ha の森林が存在することは，回答者の権利としては設定されていない．一方，環境悪化に対する受入補償額は，森林が 20ha ある状況から森林が伐採されて 0ha になる状況を受け入れてもらう設定になっている．つまり 20ha の森林が存在することは，回答者の権利として設定されていることになる．

しかしながら同じ 20ha の評価額でも，支払意志額で評価した場合と受入補償額で評価した場合とでは，しばしば評価額に大きな乖離が発生すること

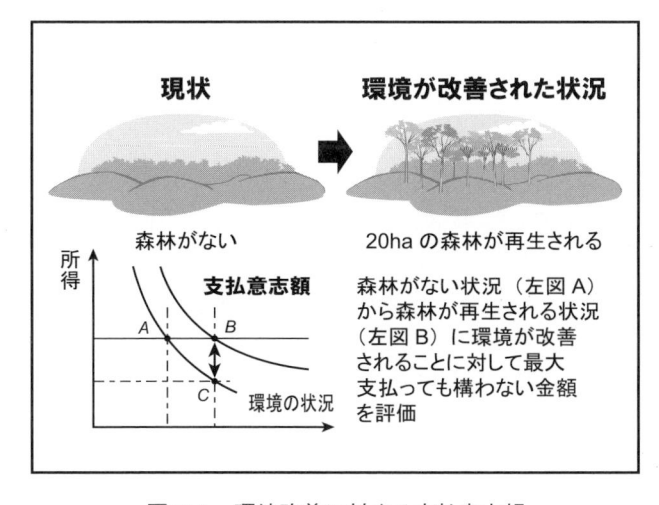

図 7.1　環境改善に対する支払意志額

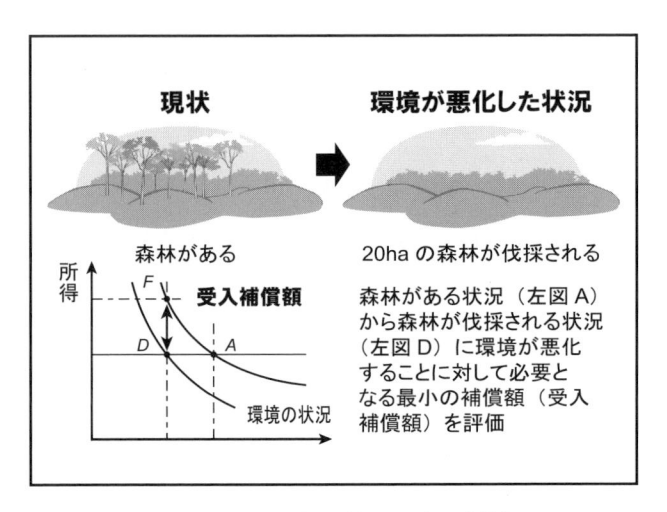

図 7.2　環境悪化に対する受入補償額

が明らかとなっている（34ページ・コラム2）．支払意志額と受入補償額を比較した実証研究によると，多くの研究で受入補償額は支払意志額の2倍から5倍に評価されている（List and Gallet, 2001）．そのため後述のNOAAガイドラインでは，控えめな評価額を得るという方針のもとで，たとえ受入補償額を用いるべき権利の設定状況になっていたとしても，支払意志額を評価に用いることが推奨されている．例えば「森林を20ha伐採する計画が実施される場合，最低いくら補償が必要だと思いますか？」という受入補償額をたずねる状況設定でも，「森林を20ha伐採する計画を中止させるために，最大いくら支払ってもかまわないと思いますか？」という支払意志額を聴取する設定が推奨されることになる．

　本来ならば回答者に補償を受ける権利がある状況にもかかわらず，回答者に支払意志額をたずねれば，回答者が混乱したり，反発したりする可能性がある．権利の設定状況に関する問題をうまく回避し，回答者が自然に支払意志額を表明できるシナリオを設計できるかが，実は調査側の腕の見せ所でもある．皆さんはお気づきになったであろうか．エクソン・バルディーズ号の

原油流出事故を受けて行われた調査でも，実は全米の回答者は海洋生態系の破壊に対する補償をエクソン社から受ける立場にある．しかし，受入補償額でたずねると過大評価となる危険性があることから，同様の事故を発生させない保全策への支払意志額（環境悪化回避に対する支払意志額）がたずねられているのである（よく練られたシナリオでは，このようにバイアスの発生が巧妙に回避されている）．以下では断りのない限り，仮想評価法では支払意志額をたずねることとして話を進めることにしたい．

質問形式

仮想評価法では，環境変化に対する人々の支払意志額を聞き出すが，その聞き出し方を質問形式と呼んでいる．これまでにいくつかの質問形式が考えられてきている．以下では代表的な質問形式を紹介したい．

1. 自由回答形式
   回答者に自らの支払意志額を自由に記入してもらう質問形式である．

   > 調査員：森林を 20ha 再生するために，最大いくら支払ってもかまわないと思いますか？　ご自由にご記入ください．
   > ＿＿＿＿＿＿＿＿円

2. 付け値ゲーム形式（競りゲーム形式）
   回答者にある提示額を提示して支払う意志があるか質問を行い，支払うとした人にはより高い提示額を，支払わないとした人にはより低い提示額を提示し，再び質問を行う．これを繰り返すことで，回答者の支払意志額を明らかにする質問形式である（オークションをイメージするとわかりやすい）．

> 調査員：あなたは森林を 20ha 再生するために，500 円を支払っ
> てもかまわないと思いますか？
> 回答者：はい．
> 調査員：では 1,000 円を支払ってもかまわないと思いますか？
> 回答者：はい．
> ― （中略）―
> 調査員：では 5,000 円を支払ってもかまわないと思いますか？
> 回答者：いえ，そこまでは払えません．
> 調査員：では 4,500 円までは支払ってもかまわないということで
> すね．
> 回答者：そうですね．

3. 支払カード形式

回答者に金額のリストを提示し，その中から自らの支払意志額に一致するものを選んでもらう質問形式である．

> 調査員：あなたは森林を 20ha 再生するために，いくら支払って
> もかまわないと思いますか？ 以下の中から，どれか 1 つの金
> 額を選んで○を付けてください．

0 円	100 円	300 円	500 円
800 円	1,000 円	2,000 円	3,000 円
5,000 円	8,000 円	10,000 円	20,000 円

4. 二肢選択形式

回答者に負担額を提示して，それに賛成するかどうかをたずねる質問形式である．金額の部分には複数の異なる金額の中から，ランダムに

第7章　仮想評価法：手法の概要

> 調査員：あなたは森林を 20ha 再生するために，＿＿＿＿円を支払ってもかまわないと思いますか？　以下の中から，どれか1つを選んで番号に○を付けてください．
>
> 　　　　1. はい　　　　2. いいえ

選ばれた1つの金額が割り当てられる．

4つの質問形式のうち，自由回答形式，付け値ゲーム形式，支払カード形式の質問形式については，各回答者の評価額が直ちにわかるが，二肢選択形式については回答者の支払意志額が提示額より高いか低いかしかわからないため，支払意志額を推定するためには統計的な分析が必要となる．各質問形式で得られた結果をどのように分析し，評価額を推定するかについては第8章で詳しく紹介する．

バイアスとその対策

仮想評価法がどのような質問を行うのか概要を理解したところで，次にバイアスの回避について考えてみたい．上記で示してきた，支払意志額と受入補償額のどちらを用いるべきか，あるいはどの質問形式を用いるべきかといった議論も，実はバイアスをいかに減らすかという文脈で検討されてきたものである．そもそもアンケート調査を用いる以上，バイアスの影響を完全になくすことは不可能である．一方で，シナリオの設計や調査方法を工夫することで，バイアスを大幅に回避できることも明らかとなっている．ここでは代表的なバイアスについて紹介したい．

ゆがんだ回答を行う誘因によるバイアス

アンケート調査を用いることの問題点で真っ先に思いつくのは，回答者が意図的に偽りの回答を行うことをどのように回避するかということであろう．回答者が意図的に支払意志額を過大に表明したり，逆に過少に表明したりする影響は「戦略バイアス」と呼ばれている．例えば，森林を再生させることはすでに決まっているが，調査結果に基づいて費用負担が決まる状況であったとしよう．この場合，回答者は自らの費用負担を小さくするため，意図的に実際の支払意志額よりも低い金額を回答するであろう．一方，費用負担の額はすでに決定しているが，調査結果に基づいて森林の再生面積が決まる状況ではどうであろうか．この場合，回答者は再生面積を大きくするため，意図的に実際の支払意志額よりも高い金額を回答するであろう．このように，回答者が意図的に偽りの回答をして，自分に有利な状況を作り出そうとすることで生じるのが戦略バイアスである．この戦略バイアスの回避は，仮想評価法における大きな課題であった．

実はこの課題を解決するために考案された質問形式が，上記で紹介した二肢選択形式である．これまでの研究から，二肢選択形式を用いると一定の条件のもとで戦略バイアスが発生しないことが明らかにされている（Hoehn and Randall, 1987）．したがって戦略バイアスを回避するためには，二肢選択形式を適用することが望ましいということになる．

評価の手掛かりとなる情報によるバイアス

われわれは商品やサービスに価格付けを行う際に，意識的にも無意識的にも価格付けの手掛かりを探している．例えば，似たような商品やサービスの市場価格，他人が行った価格付けなどがその例である．しかし，環境の価値を評価する場合は，もともと市場で取引されていない財であるため，価値付けの手掛かりはほとんど存在しない．そうであるがゆえに，回答者はわずか

な手掛かりから価格付けを決定しようとするのである．

付け値ゲーム形式では，最初の提示額が回答に影響する「開始点バイアス」が発生することが知られている．最初の提示額が評価対象の相場を暗示してしまうのである．回答者は「数万円の価値が想定されるサービスに対して，調査員が100円から価格付けを始めることはないだろう」，「調査員が1,000円から価格付けを始めたのは，一般の人々が少なくとも1,000円の価値は認識しているからだろう」などと考えてしまうわけである．同様に支払カード形式では，提示された金額の範囲が回答者に影響を与える「範囲バイアス」が発生することが知られている．

このように調査票に回答者の手掛かりとなりそうな情報，とりわけ金額に関する情報が記載されているとバイアスが生じる可能性が高まることになる．二肢選択形式は実はこの点でも有利な質問形式であることが知られている．二肢選択形式では金額の提示を1回しか行わないからである．付け値ゲーム形式にしても支払カード形式にしても，提示額を複数示すことで回答者に価格付けの手掛かりを与えてしまっている．しかし，金額の提示を1回しか行わなければ，回答者はその金額が自分の支払意志額よりも高いか低いかだけに基づいて回答せざるをえないからである．

シナリオの伝達ミスによるバイアス

これまで紹介したバイアスは，どちらかというとアンケート調査の技術的問題に起因するバイアスであった．一方で，アンケート調査を用いることで想定されるもう1つの問題は，調査者の意図したとおりにシナリオが回答者に伝わらない，シナリオの伝達ミスに関係するバイアスである．ここでは，評価結果に重大な影響をもたらす2つのバイアスを取り上げて説明したい．その他のバイアスについては，後ほど一覧にして示したい．

1つは調査者の想定した内容が回答者に適切に伝わらないことによって生じる「シンボリック・バイアス」である．図7.3のような例は，シンボリック・バイアスの典型例である．

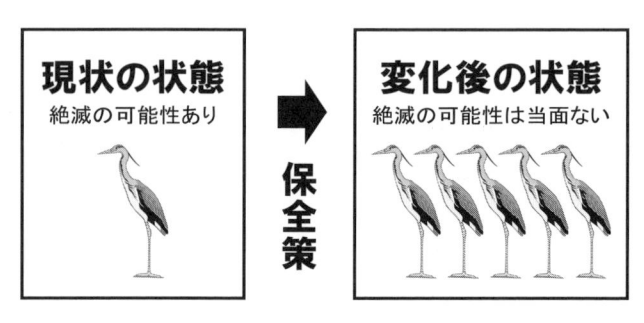

図 7.3　シンボリック・バイアスの例

　図7.3は説明をあえて簡略したものであるが，絶滅の可能性とはどれだけ深刻な状況なのか，絶滅の可能性が当面ないという状況はどのような状況を指すのか情報がまったく提供されていない．そもそもイラストの野生動物はどのような名前で，どこに生息しているのかも説明されていない．このような説明がなされると，回答者は「何となくアフリカあたりで貴重な鳥類を保全するらしい」といった象徴的（シンボリック）な状況への支払いを想像してしまうことになる．仮想評価法では，調査者の意図したとおりにシナリオが回答者に伝達されることが重要であり，回答者がシナリオの内容について想像する余地を与えてはならない．

　同じような文脈で問題となるのが部分全体バイアスである．この問題は，シナリオを設計するうえで，実務上最も注意が必要な項目の1つである．ここでは，北海道に生息するエゾナキウサギの保全を例に考えてみたい．エゾナキウサギは冷涼な山岳域に生息する，氷河時代からの生きた化石とも言われる小型の哺乳類である．エゾナキウサギを含むキタナキウサギ全体が国際自然保護連合（IUCN）の絶滅のおそれのある野生生物リスト（レッドリスト）に掲載されている．エゾナキウサギの生息地は主に4つあり（図7.4），夕張山地の個体群は，環境省レッドリストにおいても絶滅のおそれのある地域個体群にも指定されている．そこで，対策の優先順位が高い夕張山地においてエゾナキウサギの個体数を増加させる保全策が検討されているとする．

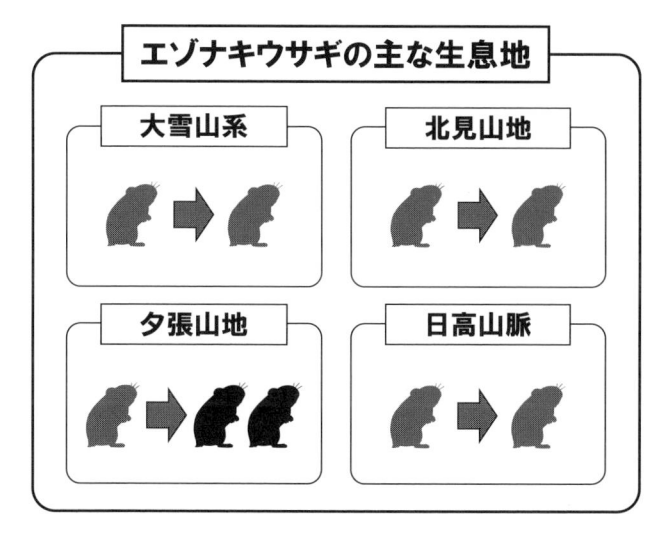

第 7 章　仮想評価法：手法の概要　　　　　　　　　　　　　　　121

図 7.4　部分全体バイアスの例

　ここで明らかにしたいのは，夕張山地における保全策に対する評価である．しかしながら，エゾナキウサギの生息地としてよく知られているのは実は大雪山系である．そのため，この保全策が夕張山地のみで行われることを明記しなければ，多くの人は大雪山系でも保全策が実施されるものと考えるだろう．同じように他の山域の周辺住民は，自分たちの身近な山域でも保全策が実施されるものと考えるかもしれない．場合によっては，評価対象となる保全策がエゾナキウサギの生息地全体の保全策であると誤認する回答者もいるだろう．このように部分全体バイアスとは，評価対象の数量や質が適切に伝達されないことによるバイアスである．
　実は仮想評価法の大きな問題点の 1 つとして，評価対象の数量や質が変化しても評価額が変化しない場合があることが指摘されてきた．仮想評価法に否定的な研究者は，それが仮想評価法の回避できない問題点であると主張し，一方で仮想評価法に肯定的な研究者は，それが単なるシナリオの伝達ミスであると主張してきた．この問題は仮想評価法をめぐる論争の中でも特に

大きな問題として議論された点であった（123 ページ・コラム 8）．

その他のバイアスについては下記を参照されたい．下記に示すように，バイアスは数多く報告されているため，バイアスをすべて予測し，事前に対策を行うことは容易ではない．

■ 仮想評価法で考えられるバイアス
1. 歪んだ回答を行う誘因によるもの
    戦略バイアス：環境サービスが供給されることは決まっているが，表明した金額に応じて徴収額が決まるならば過小評価しようという誘因が働く．逆に徴収額は一定だが，表明した金額に応じて環境サービスの供給が決まるならば，過大表明する誘因が働く．
    追従バイアス：相手に喜ばれるような回答をする（回答者が調査側にとって望ましい回答をする）．
2. 評価の手掛かりとなる情報によるもの
    開始点バイアス：調査側が最初に提示した金額が回答に影響する．
    範囲バイアス：支払意志額の範囲を示すと，それが回答に影響する．
    関係バイアス：評価対象と他の商品やサービスとの関係を示すと，それが回答に影響する．
    重要性バイアス：質問内容が評価対象の重要性を暗示すると，それが回答に影響する．
    位置バイアス：質問順序が評価対象の価値の順序を暗示していると受け取られる．
3. シナリオの伝達ミスによるもの
    (a) 理論的伝達ミス（提示したシナリオが経済理論的あるいは政策的に妥当でない）
    (b) 評価対象の伝達ミス（回答者の受け取った内容が調査側の意図したものと異なる）
        シンボリックバイアス：調査側が意図した環境サービスとは異なる何かシンボリックなものに対して回答する．

コラム8　スコープテスト

　スコープテストとは，評価対象の数量や質の違いと支払意志額の違いが整合的であるかを調べ，評価額の信頼性を検証する方法のことである．
　仮想評価法に対して批判的な研究者は，水鳥を保護する対策を事例として調査を行い，保護される水鳥の数が増えるほど支払意志額が増えるかを検証した．その結果，2,000 羽を保護する場合でも 20,000 羽を保護する場合でも，あるいは 200,000 羽を保護する場合でも，支払意志額の中央値は 25 ドルとなった（支払意志額の平均値はそれぞれ 80，78，88 ドル）．つまり，水鳥の数が増えてもそれに応じて支払意志額は増えず，評価額は信頼できないと結論づけた（スコープテストはクリアされなかった）．
　この結果から，批判的な研究者は，仮想評価法が評価しているのが評価対象の価値ではなく，環境保全に対して支払う行為自体から得られる満足である「温情効果」あるいは「倫理的満足」にすぎないと指摘した．この結果を受けて，仮想評価法によって非利用価値を評価することには問題があると批判したのである．
　このようなスコープテストによる批判に対して，仮想評価法に肯定的な研究者から反論が行われた．これまでにスコープテストを実施した 35 件の実証研究を分析したところ，スコープテストをクリアしたものが 31 件であったのに対して，クリアできなかったものは 4 件であった．クリアできなかった 4 件は街頭面接調査や電話での短時間の調査で評価が行われたものであり，適切な調査手順がとられていなかった．そこで仮想評価法の推進者は，スコープテストをクリアできなかったのは，アンケート調査の調査票や調査手順に不備があったことが理由であり，仮想評価法そのものに問題があったわけではないと主張したのである．

部分全体バイアス：調査側が意図した環境サービスよりも大きい，あるいは小さい環境サービスについて回答する．

地理的部分全体バイアス：調査側が意図した環境サービスの地理的範囲よりも大きい，あるいは小さい環境サービスについて回答する．

便益部分全体バイアス：評価対象の便益の及ぶ範囲が，調査側の意図する範囲よりも大きい，あるいは小さい．

政策部分全体バイアス：調査側が意図した政策内容よりも包括的，あるいは部分的な政策内容について回答者が想定する．

測度バイアス：評価測度が調査側の意図したものとは異なる．

供給可能性バイアス：評価対象の供給可能性が調査側の意図したものと異なる．

(c) 評価対象の伝達ミス（提示する仮想的市場の状況が調査側の意図したものと異なる）

支払手段バイアス：支払手段が調査側の意図とは異なって認識されたり，支払手段そのものが価値を持ったりする．

所有権設定バイアス：評価対象の所有権が調査側の意図とは異なる．

供給方法バイアス：調査対象の供給方法が調査側の意図とは異なって認識されたり，供給方法そのものが価値を持ったりする．

予算制約バイアス：回答者が支払うと回答すると，他の財を購入できる金額が低下することを，調査側の意図したとおりに回答者に伝えられない．

評価質問方法バイアス：評価対象が供給される代わりに，最大支払ってもかまわない金額を答えるという状況設定が適切に伝えられない．

説明内容バイアス：評価対象を説明するため，事前に回答者に示す内容が回答に影響する．

質問順序バイアス：複数の環境サービスを個別に評価してもらう

場合，前の質問に回答した金額にさらに追加的に支払うと回答者が想定する．

(d) **サンプル設計とサンプル実施バイアス**

母集団選択バイアス：選択された母集団が，評価対象財の便益や費用が及ぶ範囲から見たときに不適切である．

サンプル抽出枠バイアス：サンプル抽出に用いるデータ（住民台帳や電話帳など）が，母集団のすべてを反映していない．

サンプル非回答バイアス：支払意志額を答えた回答者と答えていない回答者で，支払意志額に統計的に有意な差がある（質問すべてを回答していない場合と支払意志額の質問のみ回答していない場合がある）．

サンプル選択バイアス：評価対象について関心が高いほど有効回答が高くなる傾向がある．

(e) **推量バイアス**

時間選択バイアス：質問を行う時期によって評価額が影響を受ける．

集計順序バイアス：地理的に離れている対象の支払意志額を，不適切な方法でたずねて集計してしまったり（地理的集計順序），複数の評価対象の支払意志額を不適切な順序でたずねて集計してしまったりする（複数財集計順序）．

出典：Mitchell and Carson（1989）および Mitchell and Carson・環境経済評価研究会訳（2001）より作成

個別のバイアスの回避策はここでは示さないが，バイアスの種類にかかわらず，最も有効なバイアスの回避策はプレテストの実施である．プレテストとは，本調査に先立って行われる小規模なアンケート調査のことである．バイアスは質問形式や言葉づかいなど，明らかな原因があって発生するものもあれば，原因は明確でないが，調査票全体として意図しない内容を伝えている場合もある．バイアスの発生状況は調査票ごとに大きく異なるため，調査

側の意図したとおりにシナリオが伝わっているか，調査票に不備はないかといった点についてプレテストを通じて確認し，必要に応じて修正することが効果的である．プレテストに関しては第9章で詳しく説明する．

エクソン・バルディーズ号の原油流出事件と NOAA ガイドライン

仮想評価法では信頼できる結果を得るためさまざまな配慮がなされているが，それでも上記のような激しい論争が繰り広げられてきた．この章では最後に，仮想評価法の信頼性が社会的にどのように認識されているのかについてみていきたい．

第1章で紹介したように，エクソン・バルディーズ号の原油流出事故では，アラスカ州政府と連邦政府はエクソン社に対して原油流出事故による海洋生態系の破壊に対する賠償を要求し，その賠償額の算定根拠として仮想評価法の結果が用いられた．結果として，エクソン社は海洋生態系の破壊に対して賠償を行うこととなった．このような一連の流れを受け，タンカー事故や土壌汚染事故のリスクに直面している企業は危機感を持つようになった．重大な汚染事故が発生すれば，生態系の破壊に対して多額の賠償を求められる可能性が生じたからである．このため産業界は仮想評価法に対する批判を強めることとなった．1992年には，エクソン社の主催で仮想評価法の有効性に関するシンポジウムが開催され，仮想評価法の信頼性について数多くの否定的な報告がなされた．

仮想評価法に対する批判が高まる中で，タンカー事故などを管轄している商務省国家海洋大気管理局（NOAA）は，油濁法のもとで環境破壊の損害額の算定に仮想評価法が適用できるか否かを検討するため，専門家による委員会を設置した（NOAA パネル）．そして約1年間にわたる検討の結果が1993年1月に報告された．NOAA パネルの結論は「仮想評価法は環境破壊の損害賠償に関する訴訟において議論を開始するための材料として十分な信頼性を提供できる」というものであった．

一方で，裁判で使えるだけの信頼性を確保するため，さまざまな条件を

第 7 章 仮想評価法：手法の概要

満たすこともも求められることとなった．NOAA パネルは，満たすべき条件を下記のようにガイドラインの形で具体的に示した．このガイドラインは「NOAA ガイドライン」として知られている．NOAA ガイドラインは，いわば仮想評価法の理想的な姿を示したものである．すべての条件を満たすためには，膨大な調査コストが必要となるため，すべてを満たすことは現実的でないが，調査側には条件を満たすように努力することが求められている．

■ NOAA ガイドライン
　1. 一般項目
　　サンプルサイズ：統計的に十分なサイズが必要となる．

コラム 9　オハイオ裁判

　アメリカでは仮想評価法の使用をめぐって裁判が行われたことがある．アメリカでは土壌汚染に関する法律「スーパーファンド法」の中で，土壌汚染を行った企業は汚染による損害を賠償する責任が定められている．土壌汚染により生態系が失われた場合にも，その損害に対して賠償する必要がある．

　そこでアメリカ内務省は，このような場合に損害額を算定するために仮想評価法を限定的に使用することを提案したところ，産業界・州政府・環境保護団体から異議の申し立てがあり，裁判となった．産業界は仮想評価法の使用を一切認めるべきではないと主張し，一方の州政府や環境保護団体は，仮想評価法を全面的に用いるべきと主張したのである．1989 年 7 月，裁判所は損害評価の手法として仮想評価法は有効であり，その利用を限定すべきではないという判断を下した．こうして仮想評価法の有効性は裁判でも認められたのである．この裁判は「オハイオ裁判」として知られている．

回収率：回収率が低いと信頼性も低くなる．
　　個人面接：郵送方式は信頼性が低いので，個人面接方式が望ましい．電話方式も可能である．
　　質問者による影響のチェック：質問者がいる時といない時とを比較すべきである．
　　報告：サンプルの定義，サンプルサイズ，回収率，未回答項目などすべてを報告しなければならない．
　　質問項目の事前テスト：事前に小規模なアンケートを行って質問項目をチェックすることが必要である．
 2. **調査項目**（これまでの優れた仮想評価法では満たされていたもの）
　　控えめなアンケート設計：異常に高い金額が出ないように控えめな設計を心がける．
　　支払意志額：受入補償額よりも支払意志額を用いる．
　　住民投票方式：質問形式は住民投票方式（二肢選択形式）にすべきである．
　　環境政策の説明：評価しようとする環境政策を適切に説明しなければならない．
　　写真の事前テスト：写真による影響を調べなければならない．
　　他の対象についての言及：破壊されないその他の環境資源が存在することや，将来の環境資源の状態について触れることが必要である．
　　評価時期：環境破壊の事故から十分な時間が経過してから評価すること．
　　通時的平均：異なる時点で評価して平均をとることが必要である．
　　「答えたくない」オプション：賛成/反対だけではなく，「答えたくない」も選べるようにすること．
　　賛成/反対のフォローアップ：なぜ賛成/反対したかをたずねること（それほどの価値がない，わからない，企業が払うべきなど）
　　クロス表の作成：所得，対象についての知識の有無，対象地までの距離などで分類してクロス表を作成すること．

回答者の理解：回答者が理解できないほど複雑な質問にならないようにすること．

3. **目標項目**（これまでの仮想評価法では満たされていなかったもの）

代替的支出の可能性：お金を支払うと回答すると，その他の財の購入に使えるお金が減ることを認識させなければならない．

取引価値：環境保護にお金を支払う行為そのものに満足する「倫理的満足」の影響を取り除くこと．

定常状態と一時的損失：自然環境は常に状態が変動しているので，変動の範囲と定常状態を認識させなければならない．

一時的損失の現在価値：一時的に自然が破壊された後，自然回復の状態を踏まえて現在価値で評価することが必要である．

事前の承認：仮想的シナリオについて事前に承認を得ること．

信頼できる参照アンケート：いくつかのアンケート結果を比較検討して信頼性を確認する．

立証責任：回収率が低い，環境破壊の範囲を示していない，回答者が理解不能，「賛成/反対」の理由が不明などの場合，評価結果の信頼性は低いと判断される．

出典：NOAA（1993）および栗山（1997）より作成

➢➢➢➢ 練習問題 ◁◁◁◁

　違法伐採によって森林が皆伐された 100ha の土地に植林を実施すべきかどうかが検討されています．この事業を実施すべきか否かを検討するため，仮想評価法を適用することになりました．この章で紹介した内容を踏まえて，調査側が想定する状況が適切に回答者に伝わるようにシナリオを設計して下さい．この植林では，違法伐採以前のようなうっそうとした森林は回復せず，また以前に生息していた野生動物も戻ってこないことが想定されています。事前調査から，回答者はこれらの点を「調査側が想定していない状況」として誤認する可能性があることがわかっているとします．その点に注意しながらシナリオの設計を行って下さい．

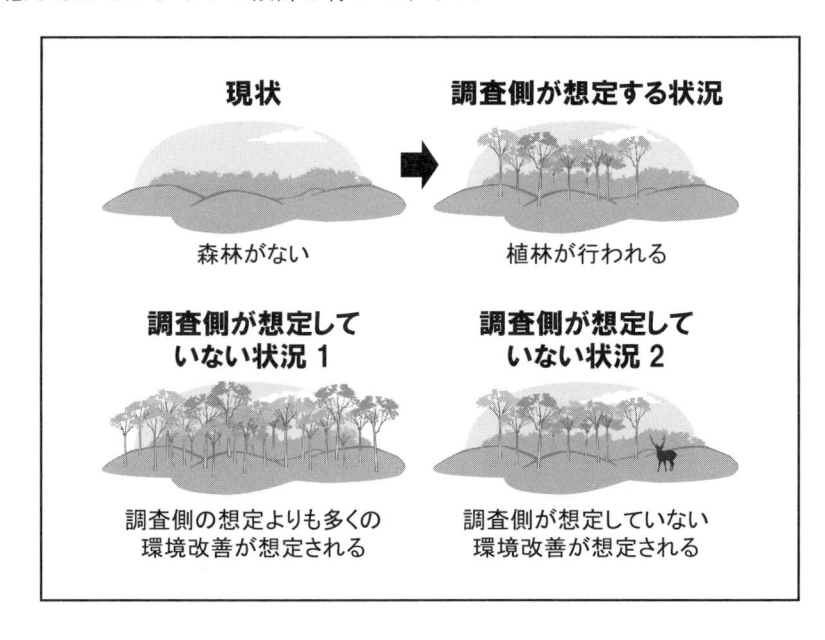

現状
森林がない

調査側が想定する状況
植林が行われる

調査側が想定していない状況 1
調査側の想定よりも多くの環境改善が想定される

調査側が想定していない状況 2
調査側が想定していない環境改善が想定される

第8章

仮想評価法 分析の手順

はじめに

　この章では，アンケート調査から得られた回答をもとに，どのように評価額を推定するのかを解説する．特に NOAA ガイドラインでも使用が推奨されている二肢選択形式で得られた回答から，支払意志額を推定する方法について詳しく述べたい．簡単な操作のみで分析が可能な「Excel でできる CVM」を用いながら分析手順を解説する．

> **この章のポイント**
> - 二肢選択形式で得られた回答から支払意志額を推定するためには統計解析が必要である．
> - 二肢選択形式では，1回だけ負担額を提示して，それに賛成するかどうかをたずねるシングルバウンドと，負担額を2回提示するダブルバウンドがある．ダブルバウンドは必要なサンプル数が少ないというメリットがある．
> - フルモデルによる推定を行うことで，支払意志額にどのような要因が影響を与えているのかを分析することができる．

自由回答，付け値ゲーム，支払カード形式の分析

　自由回答形式，付け値ゲーム形式，支払カード形式は，得られた回答の平均を計算することで支払意志額の平均値を求めることができる．例えば，それぞれの質問形式により，以下の表 8.1 のような回答が得られたとしよう．表 8.1 において，金額が 0 円，回答人数が 40 人とは，仮想評価法の質問に対して 0 円と回答した回答者が 40 人いることを示している．

　このとき支払意志額の平均は，「(0 円×40 人＋500 円×50 人＋1,000 円×40 人＋2,000 円×30 人＋3,000 円×20 人＋5,000 円×10 人＋8,000 円×5 人＋10,000 円×3 人＋15,000 円×2 人＋20,000 円×0 人)/200 人＝1,675 円」ということになる．このように，自由回答形式，付け値ゲーム形式，支払カード形式は，簡単な計算で支払意志額の平均値を求めることができる．

　また平均値とともに報告される値が中央値である．中央値は回答者を支払意志額が小さな回答者から大きな回答者の順に並べ替えたときの，真ん中の

第 8 章　仮想評価法：分析の手順　　　　　　　　　　　　　133

表 8.1　聴取した回答データの例

金額	回答人数
0 円	40 人
500 円	50 人
1,000 円	40 人
2,000 円	30 人
3,000 円	20 人
5,000 円	10 人
8,000 円	5 人
10,000 円	3 人
15,000 円	2 人
20,000 円	0 人

出典：筆者らによる仮想データ

回答者の支払意志額である．上記の場合回答者は 200 名いるため，ちょうど真ん中の回答者は存在しない．そこで 100 番目の回答者と 101 番目の回答者の平均値を用いることになる．この場合の中央値は 1,000 円である．

二肢選択形式の分析

　二肢選択形式は，環境変化とそれを実現するために必要な負担額を提示して，それに賛成するかどうかをたずねる質問形式である．負担額の設定方法は次章で解説するが，一般的には 4 から 6 種類ほどの異なる金額が用意され，1 人の回答者にはそのうちの 1 つの金額がランダムに提示される．例えば，森林を 20ha 再生することに対して，5 種類の異なる金額（例えば，500 円，1,000 円，1,500 円，2,000 円，5,000 円）を用意し，そのうちどれか 1

つの金額（例えば，1,000円）を選んで，「あなたは森林を20ha再生するために，1,000円を支払ってもかまわないと思いますか？」という質問を作成する．このような質問を500人に対して行うのであれば，それぞれの金額について100人が賛否を回答することになる．低い金額設定に対しては賛成する回答が多くなり，高い金額設定に対しては反対する回答が多くなると予想される．このような回答に基づいて，提示額とそれに賛成する確率の関係から支払意志額を推定するのが，二肢選択形式で得られた回答の分析方法である．

二肢選択形式の分析手法は大きくノンパラメトリック法とパラメトリック法に分けることができる．ノンパラメトリック法は推定を行う際に何らかの関数形を仮定しない方法，パラメトリック法は何らかの関数形を仮定する方法である．パラメトリック法には，ランダム効用モデル，支払意志額関数モデル，（パラメトリックな）生存分析などのいくつかの推定方法があるが，本書では最も広く利用されているランダム効用モデルについて紹介したい．ランダム効用モデルは，経済理論との整合性が高いという大きな利点がある．

ノンパラメトリック法

ノンパラメトリック法とは，分布関数に特定の関数形を仮定しない手法である．仮想評価法ではノンパラメトリックな生存分析が用いられている．生存分析はもともと，故障や死亡といった出来事とそれが起きるまでの時間との関係を分析する手法であり，工学や医学の分野で幅広く用いられている．例えば，多くの機械は製造後すぐに故障することはまれであるが，年が経るにつれて故障が増えてくる．この時間と故障の有無との関係を分析し，平均的な故障時期を推定するのが生存分析である．仮想評価法の文脈では，故障の有無と時間との関係を，提示額への賛否と金額との関係に置き換えている．つまり，低い提示額では賛成しない回答はまれであるが，提示額が高くなるにつれて，賛成しない回答は増えてくると考えられる．そこで，提示額と賛否との関係を分析し，支払意志額を推定する．分析の手順は以下のとお

りである．

1. 提示額ごとに「はい（賛成する）」とした回答者の人数を数えて，「はい」と回答した回答者の比率を計算する
2. 提示額と提示額に賛成する確率の関係をプロットする（図 8.1）
3. プロットした各点をつないで，階段状のグラフ（生存曲線）を描く（図 8.2）
4. 生存曲線の下側の面積を計算する

計算された生存曲線の下側の面積が支払意志額の平均値に該当する．ノンパラメトリック法では，支払意志額の中央値はピンポイントの値（点推定値）では得られない．中央値が存在する区間のみが推定される．「はい」と回答する確率が 0.5 となる金額が支払意志額の中央値であるため，図 8.2 で言うと，提示額 T_2 と T_3 の間に中央値は存在することになる．

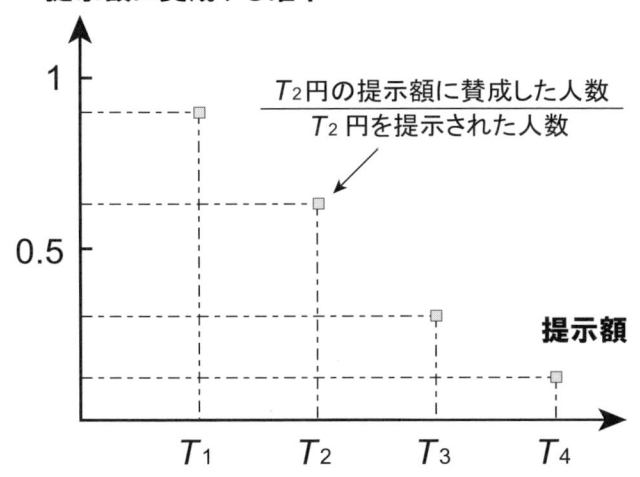

図 8.1 提示額と提示額に賛成する確率の関係

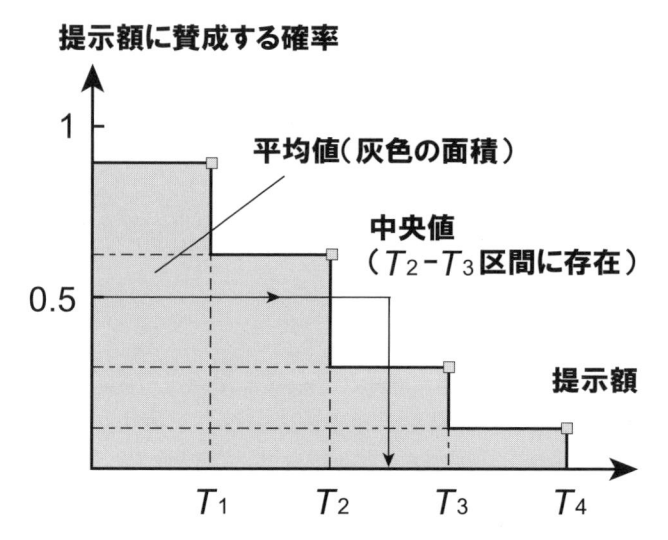

図 8.2　ノンパラメトリック法の平均値と中央値

パラメトリック法（ランダム効用モデル）

　パラメトリック法はノンパラメトリック法とは対照的に，提示額に賛成する確率と提示額との関係を何らかの関数を用いて表現する．そのため分析には統計解析が必要となる．

　ここで紹介するランダム効用モデルは効用関数に基づくモデルであり，基本的な考え方は第 6 章で紹介したマルチサイトモデルと同じである．マルチサイトモデルは，複数のレクリエーションサイトからどれか 1 つのレクリエーションサイトを選択するという行動をモデル化しているが，仮想評価法では，「環境改善が行われる代わりに提示額を支払う状況」と「環境改善が行われない代わりに提示額も支払わない状況」の 2 つの状況設定から，どちらか 1 つの設定を選択するという選択行動をモデル化する．もし前者の効用の方が大きければ，シナリオに対して賛成と回答することになる．

第 8 章　仮想評価法：分析の手順　　　　　　　　　　　　　　137

　図 8.3 の縦軸は提示額に賛成する確率，横軸は提示額を示している．プロットは，提示額ごとに賛成するとした回答者の比率を示している．われわれの目的は，このプロットに最も当てはまりのよい右下がりの減衰曲線を描くことである．これまでの回帰分析と異なるのは，ランダム効用モデルが要求する関数の形は，直線や対数関数などの平易な形ではないことである．

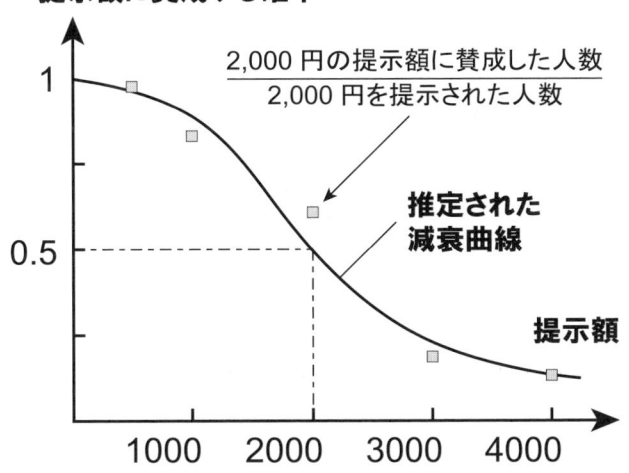

図 8.3　提示額と提示額に賛成する確率との関係

　引かれた減衰曲線からは，支払意志額の推計値として中央値と平均値の 2 種類の値を得ることができる．支払意志額の中央値は，賛成すると回答したときの効用と，賛成しないと回答したときの効用が等しくなる金額である．つまり，提示額に賛成する確率を 0.5 とする提示額が支払意志額の中央値となる（図 8.4）．一方，支払意志額の平均値は，減衰曲線の下側の面積に相当する（すなわち，減衰曲線の下側の面積を積分することで求めることができる）．なお，減衰曲線の下側の面積を計算する際には，最大提示額までの範囲を計算することが多い．この操作は据切りと呼ばれている．

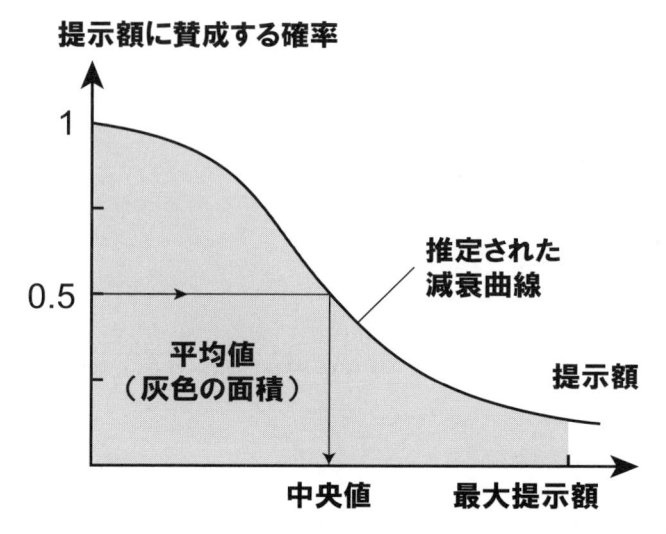

図 8.4　ランダム効用モデルの平均値と中央値

「Excelでできる CVM」による分析

　ここからは「Excel でできる CVM」を使って，実際にランダム効用モデルに基づいて分析を行ってみたい．ランダム効用モデルでは，減衰曲線の関数形の違いによって，ロジットモデルとプロビットモデルという 2 つのモデルが存在する．「Excel でできる CVM」では，最も一般的なシングルバウンドのロジットモデルとダブルバウンドのロジットモデルを適用することができる．「Excel でできる CVM」の取り扱いについては補論を参照されたい．

シングルバウンド

　シングルバウンドの二肢選択形式は，環境変化とそれを実現するために必要な負担額を提示して，それに賛成するかどうかを 1 回だけたずねる質問形式である．提示額に対して賛成した場合は，支払意志額は提示額より高いこ

とを意味する．逆に賛成しなかった場合は，支払意志額は提示額より低いことを意味する．このように支払意志額の上限または下限のみが示されることからシングルバウンド（単一の境界）という言葉が使われている．

　ここでは，ランダム効用モデルに基づいたロジットモデルによる推定を行う．ロジットモデルにも，効用関数に提示額をそのままの形で導入した線形ロジットモデルと，提示額の対数値を導入した対数線形ロジットモデルがある．ここでは当てはまりがよく，広く使われている後者の対数線形ロジットモデルを用いて推定してみたい．このロジットモデルとは，一般的な統計解析ソフトウェアにおいて，ロジスティック回帰分析と呼ばれている分析手法に相当するものである．

　「ExcelでできるCVM」に入っているサンプルデータ（表8.2）は，実際の調査に基づくデータであり，屋久島を「コア」「バッファ」「生活ゾーン」の3つの地域にゾーニングすることで，屋久島の景観と生態系を保全する政策に対する評価を行ったものである．シナリオは以下のようなものである．

> （3つの地域にゾーニングする）この方法で屋久島の自然を守るためには，あなたの世帯に来年だけ＿＿＿＿＿＿＿円負担してもらう必要があります．ただし，このお金は屋久島を守るためだけに使われます．基金にお金を支払うとあなたがふだん購入している商品などに使える金額が減ることを十分念頭においてお答え下さい．屋久島を守るために来年だけ＿＿＿＿＿＿＿円を支払うとしたとき，あなたは屋久島を守ることに賛成ですか．それとも反対ですか．
>
> 　　　1．賛成　　　2．反対　　　3．わからない

　ここで賛成を選んだときの効用から反対を選んだときの効用を差し引いたものを効用差と呼ぶ．効用差がプラスの場合は賛成の効用が反対の効用より

表 8.2 二肢選択形式で聴取した回答

金額	賛成と回答した人	反対と回答した人
500 円	38 人	8 人
1,000 円	31 人	12 人
2,000 円	25 人	15 人
5,000 円	17 人	23 人
10,000 円	17 人	28 人
20,000 円	8 人	36 人

出典：栗山（2000）より

高いので賛成を選ぶことになる．逆に効用差がマイナスのときは反対を選ぶであろう．

　対数線形ロジットモデルでは，「効用差＝定数項（環境変化がもたらす効用変化）＋ 係数 ×ln(提示額)＋ 誤差 (ε)」と示すことができると想定する．定数項（環境変化がもたらす効用変化）は効用差にプラスの影響を与えると予想されるが，提示額はマイナスの影響を与えると予想される．ここで，効用差から誤差を取り除いた確定部分を ΔV とすると，賛成を選択する確率は「$1/[1+\exp(-\Delta V)]$」によって示すことができる．この賛成を選択する確率が，図 8.3 で示した減衰曲線に相当する．

　二肢選択形式で聴取した回答は表 8.2 に示すようになっている．補論で説明された操作にしたがい，「Excel でできる CVM」にサンプルとして入っているデータを分析すると，表 8.3 に示したような結果を得ることができる．これは，効用差の確定部分が「$6.3004 - 0.7655 \times \ln$(提示額)」と表現でき，提示額に賛成する確率（賛成を選択する確率）が「$1/\{1+\exp\{-[6.3004 - 0.7655 \times \ln$(提示額)$]\}\}$」と表現できることを示している．

　「Excel でできる CVM」に示されている「constant」は定数項，「ln(Bid)」は提示額の対数値を意味している．予想されたように，定数項の符号はプラ

第 8 章 仮想評価法：分析の手順

表 **8.3** シングルバウンドの推定結果

変数	係数	t 値	p 値
constant	6.3004	6.694	0.000***
ln(Bid)	−0.7655	−6.680	0.000***
N			258
対数尤度			−151.70

ス，提示額の対数値の係数の符号はマイナスである．つまり，環境改善は効用を増大させるが，一方で提示額の対数値が大きくなると回答者の効用が低下して，賛成する確率が低下することを示している．

　t 値と p 値は，ともに仮説検定の結果を示したもので，p 値が 0.000 ということは，同じ調査を 1,000 回繰り返したとしても，係数が 0 となる結果は 1 回より少ないことを意味している．もし係数が 0 であれば，提示額の対数値は効用にまったく影響を与えないことを意味している．係数が 0 である確率はきわめて低いので，係数は統計的に 0 でない，つまり提示額の対数値は効用に影響を与えていることを意味している．推定結果によって，有意水準を示す p 値は変化し，*** は 1% 水準，** は 5% 水準，* は 10% 水準で有意であることを意味している．* が付かない推定結果は，同じ調査を 10 回繰り返すと 1 回以上は係数が 0 となる結果が推定されること，つまり効用に影響を与えていないことを意味している．

　減衰曲線のグラフは図 8.5 で示されるものである．「Excel でできる CVM」では，図 8.5 のようなグラフも自動的に作成する．縦軸は提示額に賛成する確率，横軸は提示額を示している．プロットは，回答数から計算した，各金額の支払いに賛成した確率である．図 8.5 を見ると，推定した減衰曲線は実際の回答結果にうまくフィットしていることがわかる．

　支払意志額の中央値は「Excel でできる CVM」の「推定 WTP（支払意志額）」に示されているように 3,755 円である．中央値が表示されているセ

提示額に賛成する確率

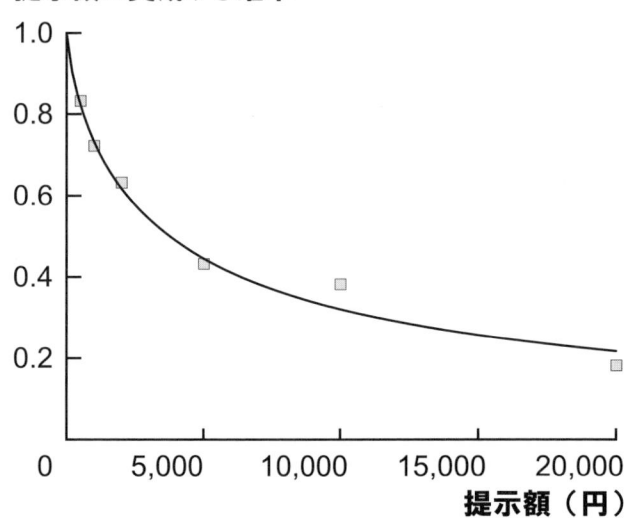

図 8.5 シングルバウンドにより推定された減衰曲線

ルの関数を見ると，中央値は「exp(－定数項/提示額の対数値の係数)」と計算されていることがわかる．中央値は提示額に賛成する確率が 0.5 となる提示額であるから，このことは，賛成時の効用と反対時の効用が等しい，つまり効用差がゼロであることを意味する．したがって，「定数項＋提示額の対数値の係数 ×ln(提示額)＝0」であるから，「ln(提示額)＝－定数項/提示額の対数値の係数」となり，両辺の対数をとると，「提示額＝exp(－定数項/提示額の対数値の係数)」となる．平均値は減衰曲線の下側の面積を積分した値であり，最大提示額で据切りして推定値を求めている．平均値は 7,552 円である．一般に，支払意志額の平均値は中央値よりも高い金額になることが多い．これは，支払意志額が非常に高い回答者が存在すると，その人数が少なくても平均値は高めの金額になることが原因である．

第 8 章　仮想評価法：分析の手順　　　　　　　　　　　　　　143

ダブルバウンド

　次にダブルバウンドによる推定について解説したい．前述のように，ダブルバウンドの二肢選択形式は，環境変化とそれを実現するために必要な負担額を提示して，それに賛成するか否かを 2 度たずねる質問形式である．例えば，1,000 円を支払うことに賛成とした回答者には，3,000 円でも賛成するかどうかが聴取され，逆に反対とした回答者には，500 円では賛成するかどうかが聴取される．1,000 円では賛成，3,000 円では反対と回答した場合，支払意志額は 1,000 円から 3,000 円の範囲にあることになる．このようにダブルバウンド形式では，支払意志額の上限と下限を示すことができることからダブルバウンド（2 つの境界）と呼ばれる．

　少々複雑なダブルバウンドであるが，適用するメリットは大きなものがある．ダブルバウンドはシングルバウンドよりも統計的な効率性が高く，推定に必要なサンプル数が少ないという利点がある．仮想評価法の調査において最も経費のかかる部分は，アンケート調査の実施である．二肢選択形式は，他の質問形式と比較して多くのサンプル数を集めなければならない（サンプル数については第 9 章で詳述する）．その意味で，少ないサンプルでも信頼性の高い評価結果を得ることができるダブルバウンドには大きな利点がある．推定結果は図 8.6 で示されるものである．この結果も「Excel でできる CVM」にサンプルとして入っているデータを解析したものである．

フルモデル

　仮想評価法では支払意志額を推定することが主要な目的であるが，多くの場合，どのような回答者が高い（低い）支払意志額を有しているのか，つまり支払意志額にどのような要因が影響しているかを分析することにも興味がある．これらの知見を得ることで，評価の信頼性を確認できたり，評価結果を実際の政策に反映させる際に役立てたりできる．例えば，所得が高い人ほ

提示額に賛成する確率

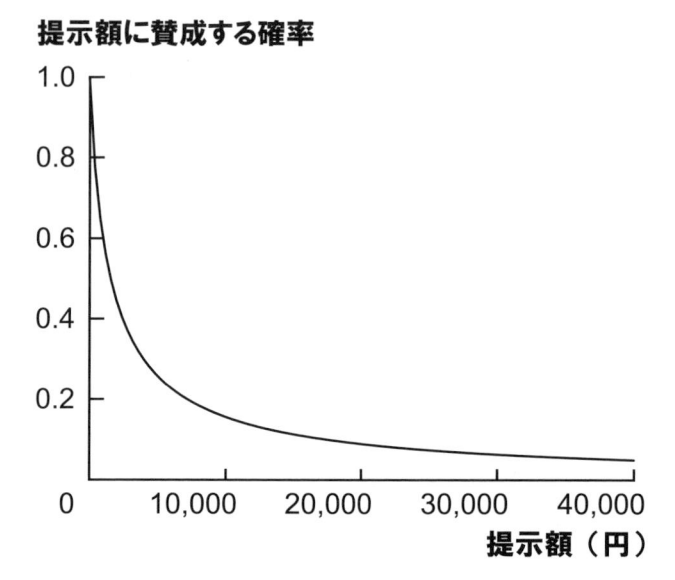

図 8.6　ダブルバウンドにより推定された減衰曲線

ど支払意志額が高いかどうかを確認することで，評価結果が経済理論と整合的かを確認することができる．一方で，所得が支払意志額に与える影響は，シナリオが所得の低い社会的弱者に対して不利な影響を与えていないかを確認するためにも使うことができる．このような分析を行うために，アンケート調査で聴取される情報には以下のようなものがある．

1. 個人や世帯の社会経済的属性（例えば，性別，年齢，職業，所得，同居する家族の人数，居住地など）
2. 評価対象とのかかわり（例えば，評価対象に関する知識や印象，訪問経験など）
3. 環境への関心（例えば，環境問題に関心があるか，環境問題に関するテレビ番組をよく観るか，アウトドアレクリエーションに参加するか，環境 NPO に所属しているかなど）

第 8 章　仮想評価法：分析の手順

　支払意志額に影響する要因を分析する方法には 2 つの方法がある．1 つはサブサンプルを作成する方法である．例えば，男性と女性で支払意志額に差があるかを確認したい場合には，サンプルを男性サンプルと女性サンプルに分割し，それぞれの支払意志額を推定すればよい．この方法は簡単であるが，要因ごとに分析を行う必要がある．またサブサンプルの回答数が十分に

🌿 コラム 10　ダブルバウンドの下方バイアス

　第 7 章において，評価の手掛かりとなる情報によるバイアスを紹介した．付け値ゲーム形式の開始点バイアス，支払カード形式の範囲バイアスのように，調査票に回答者の手掛かりとなる金額の情報があると，回答者はそれに誘導されてしまう可能性がある．
　ダブルバウンドはシングルバウンドよりもメリットが大きいが，2 回負担額を提示するので，1 回目の提示額が 2 回目の提示額の評価に影響を与えている可能性がある．皆さんは，「あなたは森林を 20 ha 再生するために，1,000 円を支払ってもかまわないと思いますか？」と質問され，「はい」と回答した後に，「では，1,500 円を支払ってもかまわないと思いますか？」と聞かれたならばどう考えるだろうか．本当の支払意志額が 1,500 円以上であったとしても，「最初は森林再生に 1,000 円が必要と言っていたのに，1,500 円も必要なはずがない．この 500 円分はムダに使われるのではないか？」といぶかしく思う方もいるだろう．そうなると，2 回目の提示額には素直に「はい」とは回答できないので，結果として評価額は下落する傾向になる．これは下方バイアスと呼ばれている．このように仮想評価法では，ちょとした情報や質問形式の違いで，推定結果に影響が生じることになる．ただ，ダブルバウンドの下方バイアスについては，推定結果が控えめになる方向に働くので，NOAA ガイドラインの控えめな評価結果を求める方針に反していないのが救いである．

確保できない場合には，信頼できる分析結果は得られないかもしれない．

もう1つの方法は，ランダム効用モデルにこれらの変数を組み込んでしまうフルモデルと呼ばれる方法である．これは減衰曲線を推定する際に，これらの変数も説明変数に加えてしまう方法である．この方法を用いれば，複数の要因の影響を一度に分析することができる．「Excelでできる CVM」を用いることで，このフルモデルによる推定も行うことができる．フルモデルによる推定の手順についても補論を参照されたい．

フルモデルには，シングルバウンドのフルモデルとダブルバウンドのフルモデルが存在する．ここで表 8.4 に示しているのは，シングルバウンドのフルモデルの結果であり，この結果も「Excelでできる CVM」にサンプルとして入っているデータを解析したものである．

表 8.4　フルモデルの推定結果

変数	係数	t 値	p 値
constant	3.3761	2.762	0.006***
ln(Bid)	$-$0.8336	$-$5.175	0.000***
$x1$	0.2758	1.105	0.270
$x2$	0.8219	3.174	0.002***
$x3$	0.0000		
$x4$	$-$0.8335	$-$3.157	0.002***
$x5$	0.0000		
$x6$	0.5635	5.944	0.000***
$x7$	0.0000		
$x8$	$-$0.0788	$-$0.905	0.366
$x9$	0.1208	1.358	0.175
$x10$	0.0022	5.888	0.000***
N			400
対数尤度			$-$201.0832

第 8 章 仮想評価法：分析の手順

このサンプルデータの分析では，$x1$ から $x10$ の 10 の変数があり，そのうち $x3$, $x5$, $x7$ を除く 7 つの変数が，減衰曲線の説明変数の候補とされている．用いられなかった変数の係数は「0.0000」と表示されている．推定された 7 つの説明変数のうち，係数の符号がプラスのものは，賛成を選択する確率にプラスの影響を及ぼし，逆に符号がマイナスのものは賛成を選択する確率にマイナスの影響を及ぼしている．各説明変数の有意水準は p 値で判断し，有意ではない変数はモデルから削除する．例えば，「$x1$」の p 値は 0.270 であり * が 1 つもないので 10% 水準でも有意ではない．つまり係数が 0 であるという可能性を否定できないことになる．したがって，「$x1$」は支払意志額には影響していないと考えられるので，モデルから削除して再度推定を行うことになる．「$x8$」と「$x9$」も同様である．このプロセスを繰り返すことで，最終的なモデルを決定することになる．

便益の集計

仮想評価法により得られた支払意志額は，1 世帯あたり（または 1 人あたり）のものである．したがって，総便益を算出するためには支払意志額に対象となる世帯数（または人数）を掛けることになる．

問題となるのは，中央値と平均値のどちらを採用すべきかである．中央値は，半数の人が政策の実施に賛成する金額であるため，多数決的な観点から意志決定を行いたい場合には中央値が適当である．一方の平均値は，人々の平均的な支払意志額であるため，この金額に母集団の人数をかければ，母集団の集計された総便益を得ることができる．第 12 章で紹介する費用便益分析を実施することが目的であるならば，平均値を用いる方がより理論に忠実である．それぞれにメリット・デメリットはあるが，平均値は分析者が想定する減衰曲線の分布形の影響を受けやすいこと（特に最高提示額で賛成とする確率が高い場合，平均値は予想以上に高額になることがある），一般に平均値よりも中央値の方が控えめな金額が得られることから，代表値として中央値を採用することが多い．

練習問題

ウェブサイトから「Excel でできる CVM」をダウンロードし，以下の手順に基づき仮想評価法を適用して下さい．このデータは，森林の伐採跡地（無立木地）に行う 100ha の植林について，二肢選択形式を用いて支払意志額を評価するアンケート調査を実施した結果である．

1. 提示額とその提示額に対する賛否は下記のとおりとなっています．ノンパラメトリック法により支払意志額の中央値と平均値を求めて下さい．

提示額	「はい」と回答した人数	「いいえ」と回答した人数
1,000 円	70 人	30 人
2,000 円	60 人	40 人
4,000 円	40 人	60 人
8,000 円	20 人	80 人
16,000 円	10 人	90 人

出典：筆者らによる仮想データ

2. 「Excel でできる CVM」を用いて，シングルバウンド（ランダム効用モデルに基づいた対数線形ロジット分析）を適用し，支払意志額の中央値と平均値を求めて下さい．

第 9 章

仮想評価法 調査設計

はじめに

　この章では，アンケート調査のシナリオの設計や調査の実施方法について解説する．アンケート調査の設計や実施は評価結果の信頼性に大きく影響することから，慎重に行う必要がある．この章では，評価対象の情報収集，調査票の草案作成，プレテストの実施，本調査の実施といった一連の流れを紹介する．

> **この章のポイント**
> - 仮想評価法を適用する目的を明確にし，その目的に資するシナリオ設計を行うことが重要である．
> - シナリオでは「現在の状況」と「環境が変化した後の状況」を明示し，その変化への支払意志額を聴取する設定を考える．
> - バイアスを回避するためにもプレテストの実施は重要である．
> - アンケート調査の実施形態には，聞き取り調査や郵送調査，電話調査，インターネット調査などがある．

評価対象の情報収集

評価対象の情報収集

　仮想評価法では，シナリオの説明や支払意志額を聴取する質問などを適切に構成した調査票を作成しなければならない．この章では調査票を作成する一連の流れについて，順を追って解説していく．

　調査票を作成するには，まずは評価対象の情報を収集しなければならない．シナリオでは「現在の状況」と「環境が変化した後の状況」を回答者に正確に説明し，どのような制度・政策でそれを実行するかを記述する必要があるので，幅広い情報収集が必要である．ここでは伐採跡地に植林を行い，生物多様性の保全を行うことの価値を評価する例を考えてみたい（図 9.1）．

　仮想評価法を適用する場合，評価対象はある程度決まっていることが多いであろうが，それでも評価対象とその周辺情報について改めて情報収集する

第 9 章　仮想評価法：調査設計

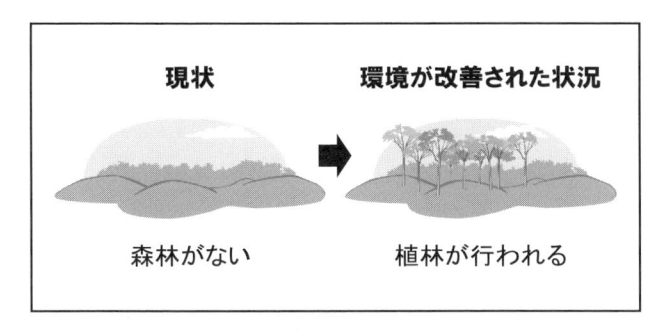

[図：左「現状　森林がない」→右「環境が改善された状況　植林が行われる」]

図 9.1　環境改善（植林）が行われる状況設定

ことは有益である．次節でも述べるように，情報収集の結果，評価対象を変更した方が望ましいと判断されることも少なからずあるからである．

　まず，森林全般の情報を調べておくことが必要であろう．日本の森林であれば，『森林・林業白書』（林野庁，2011）や『環境白書』（環境省，2011）が大枠の理解には役立つだろう．また，森林それ自体だけでなく，森林をめぐる社会情勢や制度・政策についても理解が必要である．前述のように，シナリオでは何らかの制度・政策を通じて環境改善が行われることになる．そのため，過去に導入されて失敗した制度や論争の最中にある政策などによって環境改善が行われるシナリオを設定すると，制度・政策自体がバイアスを引き起こす可能性がある．第 7 章でも述べたように，環境改善が消費税の増税によって実施されるシナリオとするならば，消費税の増税に反対である回答者は評価額を 0 円と表明するかもしれない．それらを避けるためにも，制度・政策に関する基本的な情報も理解しておかなければならない．

　そのうえで，評価対象のさらに詳しい情報収集も必要である．例えば，対象とする伐採跡地における伐採前後の自然科学的データ（森林面積，植生，土壌，希少種の有無），伐採前後の利用状況や施設整備（訪問者数，周辺地域の開発状況，遊歩道やキャンプ場などの有無），関連する制度・政策（保安林や国立公園・国定公園などの指定状況），対象地域の社会経済の状況（関係市町村の人口，年齢構成，産業構造など）が含まれるだろう．これらのデー

タは，既存の文献や統計資料から収集したり，必要に応じて地元の地方自治体に問い合わせて入手したりすることになる．

　同時に，評価対象に関する最新の科学的な知見，また環境評価手法を適用した過去の評価事例なども調べておくとシナリオ作成の参考となる．代表的な環境評価の関連文献については本書の巻末に示してあるので参照されたい．また，書籍や論文の形で公開されているものに関しては，国立情報学研究所の学術コンテンツ・ポータル GeNii（http://ge.nii.ac.jp/genii/jsp/）やgoogle scholar（http://scholar.google.co.jp/）を検索することで見つけることができる．また海外の事例を調べる場合には，Envalue（http://www.environment.nsw.gov.au/envalueapp/）などの環境評価のデータベースを利用するのが便利である．

　評価対象の「現場」が存在する場合には現地調査を行うことも重要である．現地を訪問し，地元の地方自治体や住民，環境保護団体，開発業者などを対象に聞き取り調査などを実施する．この例で言えば，誰がなぜ過去に森林を伐採したのかは重要な情報となるだろう．この際，何らかの意見の対立が生じている場合は，どちらかの立場に偏らないように双方の意見を聞いておくことが重要である．また現地を訪問した際に現場写真も撮影しておくと，調査票で回答者に示す資料とすることができる．

　このような評価対象の情報収集は，できる限りシナリオを作成する前に終えておくことが望ましいだろう．プレテストの段階で新しい事実が明らかになったりすると，シナリオの大幅な改定が必要になるからである．

目的の明確化

　シナリオを作成する前に，評価を実施する目的を再検討し，明確にすることが望ましい．前述のように，情報収集の結果，評価対象を変更した方が望ましいと判断されることも少なからずあるからである．例えば，当初の問題意識のもとで現地調査を実施したところ，森林の生物多様性の保全上の最大の問題はシカの食害であり，現場では植林云々よりもまずはシカの食害対策

が求められているかもしれない．日本の各地では，野生鳥獣による森林被害が年間約 5,000〜7,000ha 報告されており，そのうちシカによる枝葉や樹皮の食害が約 7 割を占めている．シカの密度が著しく高い地域の森林では，シカの食害によって，シカの口が届く枝葉や下層植生がほとんど消失し，都市公園のような景観を呈していることもある（林野庁，2011）．その場合，当初の目的のまま評価を実施するか，あるいは現場の課題を反映して目的を変更するかを考えなければならない．

また評価目的を絞らざるをえない状況が生じることもある．例えば，聞き取り調査を実施したところ，実はわれわれが評価しようと考えている植林という事業は，希少な鳥類の生息地の再生，希少な鳥類を観察するレクリエーションサイトの再生，土砂災害の防止という 3 つの環境サービスを提供することが明らかになったとする．その場合，植林という事業の評価は，3 つの環境サービスの合計を評価していることと同じである．しかし，このことは以下のような問題を引き起こすことになる．

1. 個別の環境サービスに対する評価が求められる場合，3 つの環境サービスの合計額を評価するだけでは，その内訳がわからないためほとんど意味がない．例えば，希少な鳥類の生息地の価値は 0 かもしれないし，合計額のすべてかもしれない．
2. 便益の集計範囲が異なるため，総便益を算出する場合に問題が生じる．例えば，希少な鳥類の生息地を再生したときの受益者は全国の人々に広がるかもしれないが，土砂災害の防止による受益者は流域内の範囲に限定されるかもしれない．その場合，便益の集計範囲が決定できない．

上記のような理由から，あいまいさを排除するために，評価する環境サービスは 1 つに限定せざるをえない．もちろん必ずそうすべきというわけではない．植林すべきかどうかの意志決定が流域単位で求められている場合には，評価額の内訳がわからなくても，やはり植林に対する評価が求められることもある．重要なことは，仮想評価法を適用する目的を明確にし，その目

的に資する結果を得るための適切なシナリオ設計を行うことである．

仮想的な状況の設定

　目的を再確認したところで，ここからは具体的なシナリオ設計について解説を行いたい．情報収集の結果，対象の森林には希少な鳥類であるシマフクロウが過去に生息しており，植林を行うことでシマフクロウの生息地の回復に寄与できることがわかったと想定しよう．つまり，シマフクロウの生息地を回復することの価値を評価することを目的に定めたとして話を進めよう．シマフクロウは世界最大級のフクロウで，日本では北海道に生息している．森林伐採や河川改修によって生息数が減少し，現在の生息数は約 50 つがい 140 羽と言われている．環境省レッドリストでは絶滅危惧 IA 類（ごく近い将来における野生での絶滅の危険性がきわめて高いもの）に指定されている．

　生息地の回復に対する支払意志額を聴取するためには，まず環境が現状からどのような環境改善が行われた状態に変化するのかを設定しなければならない．図 9.2 のような設定であれば，現状は「伐採により森林が存在しないためシマフクロウの生息地は存在せず，シマフクロウは生息していない状況」と設定できるだろう．

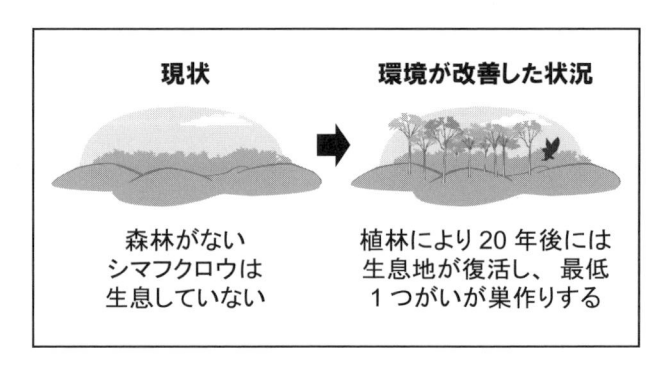

図 9.2　環境改善が行われる状況設定

一方，環境改善が行われた状況は，科学的な知見に基づいた合理的で現実的な状況設定であることが必要である．どのような森林が生息地に適しているのか，生息地として使われるまでにどれだけの年数がかかるのか，事業の実施主体は誰かなどを検討する必要がある．これらの問いに調査側はすべて答えられないであろうから，専門家へのインタビューも必要になる．得られた知見に基づき作成されたのが次ページのようなシナリオであるとしよう．このシナリオは二肢選択形式での聴取を意図したものである．提示額の決定方法については，次節のプレテストの項で紹介したい．

支払手段の決定

　シナリオの設定では適切な支払手段を選択することが重要である．適切な支払手段によって，シナリオがより現実的に感じられることもあれば，不適切な支払手段によってバイアスが生じることもある．

　これまでの研究では，税金と基金への募金が支払手段として多く用いられている（下記のNPO法人への寄付は，基金への募金と実質的に同じ支払手段である）．ただ，調査側が支払手段を選べるシナリオもあれば，文脈から支払手段がほぼ決まってしまうこともある．例えば，森林の再生という地域的な環境改善について，税金を支払手段として選択することは難しいかもしれない．逆に大気汚染の改善のように，国民全体にかかわる環境改善では税金を用いることが適当かもしれない．

　どのような支払手段を用いるにしても，その支払手段が持っている特徴については理解しておく必要がある．税金を支払手段に用いた場合は，支払いに強制力があること，「温情効果」が発生しにくいことなどの利点がある．「温情効果」とは，環境改善に対して支払いをすること自体から満足を得ることである（123ページ・コラム8）．一方で，上記でも述べたように，地域限定の環境改善を行うために税金を集めることは非現実的であることが多い（森林環境税など，法定外目的税として現実に行われている場合もある）．また，税金という支払手段自体に反対である回答者も少なくないため，支払手

この地域では過去に砂利採取のために50haの森林（河畔林）が伐採されました．現在は無立木地となっています．この森林はシマフクロウの生息地でしたが，伐採によりその生息地も消失してしまいました．

　シマフクロウは世界最大級のフクロウで，森林伐採や河川改修によって生息数が減少し，現在絶滅が危惧されています．現在の生息数は約50つがい140羽と言われています．

　そこでこの伐採跡地に森林を再生し，シマフクロウの生息地を再生することが検討されているとします．再生された森林は伐採されなかった周辺の森林と同じような状況になると想定されています．そのために周辺の森林から種子を集め，苗木を育てて伐採跡地に植林します．シマフクロウがこの場所を利用できるようになるには，巣作りを助ける巣箱を設置しても少なくとも20年はかかると予想されます．ただ20年後には，1つがいがこの森林のどこかに生息することが期待されています．

　このような一連の活動は，地域の自然環境の保全活動を行っているNPO法人が責任をもって実施します．あなたがNPO法人に対してこの活動を名目とした寄付を行うと，NPO法人はその全額をシマフクロウの生息地の再生（50haの森林の再生）に使うとします．あなたは＿＿＿＿＿＿円の寄付をお願いされた場合，実際に寄付を行いますか？

　ただし実際にお金を支払うと，他の商品を買ったりサービスを受けたりするためのお金が減ることを念頭にお答え下さい．

1. 寄付を行う　　2. 寄付を行わない　　3. わからない

段を理由として回答を拒否する「抵抗回答」が発生する欠点もある．ここでの抵抗回答とは「シマフクロウの生息地の回復には賛成だが，増税には反対である」といった意見のように，環境改善の内容ではなく支払手段に反対を表明してしまう問題である．

　一方，基金への募金を支払手段に用いた場合は，支払いに強制力がないこと，温情効果が発生しやすいことなどの欠点がある．ただ，特定の環境改善を行うために基金を設立することなどは現実的に行われているため，回答者が理解しやすく，また税金と比較して抵抗回答が少ないという利点がある．税金や基金への募金の他にも，入場料や製品価格の上昇が用いられることもある．例えば，支払った金額の一部が環境保全に使われるキャラクターグッズの購入を支払手段とすることもある．このような方法は，回答者が理解しやすい一方で，キャラクターグッズの一般的な市場価格の影響を受けやすいといった欠点がある．

回答理由

　支払意志額を聴取した後はその回答理由を質問する．これは NOAA ガイドラインでも推奨されている項目である．このような質問を行うのは，シナリオに対する理解や支払手段に対する抵抗回答などを識別するためである．回答理由をたずねた結果，支払意志額の推定に含めるべきでない回答者がいれば，分析から除外することになる．サンプル数は減少するが，より正確で信頼性の高い評価結果を得ることができる．

　例えば，二肢選択形式を用いた評価において，寄付を行うことに賛成した回答者に，なぜ賛成したのかを聴取する場合には，選択肢として以下のような項目が想定できる．

1. 森林が再生して，生息地が回復するのは重要だと思うから
2. この金額で生息地が回復できるなら支払ってもかまわないと思うから
3. 生息地の回復にかかわらず，人の役に立つためにお金を支払うことは

いいことだから

「森林が再生して，生息地が回復するのは重要だと思うから」は，評価対象への支払意志額と提示額を比較して回答していると考えられる．「この金額で生息地が回復できるなら支払ってもかまわないと思うから」も，自分の支払意志額が提示額より高いことを意味している．これらの回答は分析に用いても差し支えないだろう．

一方，「生息地の回復にかかわらず，人の役に立つためにお金を支払うことはいいことだから」は，この調査の評価対象とは関係なく公共のためにお金を支払うこと自体から満足を得ていると考えられる．これは上記で述べた温情効果と呼ばれるものである．シマフクロウの生息地の回復に限らず，絶滅危惧種の保全であればどのような内容でもかまわないと考えている可能性がある．これらの回答は分析に用いるべきではないだろう．

一方，寄付を行うことに反対した回答者に，なぜ反対したのかを聴取する場合には，選択肢として以下のような項目が想定できる．

1. 生息地の回復は必要だが，これほどの金額を出すほどではないから
2. 生息地の回復は必要だが，NPO法人に寄附することに反対だから
3. この方法で生息地が回復できるとは思えないから

「生息地の回復は必要だが，これほどの金額を出すほどではないから」は，生息地の回復の必要性は認めるが，提示された金額を支払うほどの価値はないと考えていることを意味する．そのため，評価対象への支払意志額と提示額を比較したうえで反対を選択したと考えられる．この回答は分析に用いても差し支えないだろう．

一方，「生息地の回復は必要だが，NPO法人に寄附することに反対だから」は，NPO法人への寄附という支払手段に反対する抵抗回答を意味している．支払意志額は0円ではなく，支払手段が異なれば提示額に賛成する可能性もある．「この方法で生息地が回復できるとは思えないから」は，森林の再生による生息地の回復という事業（つまりシナリオ）の非現実性を理由

に反対であることを意味している．例えば，シマフクロウの個体数回復の必要性は認めるが，そのやり方に問題があるということであれば，支払意志額は0円ではないが，シナリオに問題があるので賛成できないということになる．これらの回答は分析にそのまま用いるべきではないだろう．

本調査を実施した際は，これら回答理由に基づいて支払意志額の推定から除外すべき回答者を見つけ出すことになるが，プレテストの段階でも回答理由を聴取することには大きな意味がある．例えばプレテストの段階で支払手段に税金を用いたところ，税金という支払手段に反対する抵抗回答があまりにも多いのであれば，支払手段が適切でない可能性がある．プレテストの段階で確認することで，本調査で失敗する前に，基金への募金などの他の支払手段に変更することが可能である．

その他の質問

以上が仮想評価法の中心的な質問内容であるが，調査票ではこれらの質問以外にも，評価対象と回答者の関連性に関する質問や，環境問題に対する関心についての質問，シナリオの内容に関する質問，回答者の個人属性（所得や年齢など）に関して聴取する．聴取内容については，詳細は第8章の「フルモデル」も参照されたい．

評価対象と回答者の関連性に関する質問としては，評価対象に関する知識や印象，あるいは訪問経験などをたずねる質問が考えられる．例えば，シマフクロウの名前を知っているか，どのような印象を持っているか，写真を見たことがあるかなどが候補として考えられる．また，環境問題に対する関心についての質問としては，野生動物をテーマとした番組をみるか，自然保護団体の会員であるか，ごみを減らす努力をしているかなどが候補として考えられる．一般的に，評価対象であるシマフクロウをよく知っている人，環境問題に対する関心が高い人の方が，シマフクロウの生息地を回復することを重要だと思っていると考えられるので，これらの質問に対する回答と支払意志額との関係を調べることで，評価額の信頼性について検証することができ

る．さらにシナリオを現実的と感じたか，あるいはシナリオを理解できたかといった質問を聴取することで，回答理由と同じように，支払意志額の推定から除外すべき回答者を見つけ出すことができる．

調査票作成の注意点

　仮想評価法の調査票で特徴的な点は，シナリオの説明部分が際立って長くなってしまうことである．そのような場合には，イラストや写真を併用して説明を削減したり，用語の説明を設問化して飽きさせないようにしたりする工夫が必要である．例えば，すべての人がシマフクロウを知っているわけではないので，まずはシマフクロウの説明から始めなくてはならない．教科書的な説明が長々と続くような状況は避けるためには，例えばシマフクロウの写真を示して「あなたはこの鳥のことを知っていましたか？」といった確認のための設問をはさんだりするなどの工夫を行うことが望ましい．

　また実際の調査は，聞き取り調査や郵送調査，電話調査，インターネット調査によって行われるが，回答者に調査票に記入してもらうような場合には，調査票のデザインにも配慮する必要がある．調査票のデザインに関する詳細は他書に譲るが，これまでの経験から特に注意すべき点だけ整理しておきたい．

1. 文字サイズとフォント：文字が読めないアンケート票には回答してもらえない．年配の方にとっては，12ptより小さい文字は細かすぎて読みづらい可能性がある．また，一般的に明朝体はゴシック体よりも線が細いため，より文字を判別しづらいと言われている．
2. 調査票の裏面（郵送調査）：調査票に裏面がある場合，その旨を明示しないと表面だけが回答されて返送されてくる場合がある．
3. 設問の分岐（郵送調査）：設問が分岐して，いくつかの設問をスキップするような場合，スキップ先を明示しないと意図しない場所までスキップされたり，そこで回答が終わりであると判断されたりする．

4. 設問の順番：簡単な質問から始める．最初に難しい質問を提示すると，同じような難しい質問が今後も続くと考えて，回答が中止される可能性がある．また所得や職業などの個人にかかわる設問は最後に回すのが望ましい．
5. 調査の趣旨と連絡先：どのような趣旨のもとで誰が調査を実施しているのか，得られた調査結果はどのように使われるのかを記載する．また調査側の連絡先についても明示する．

プレテストの実施

調査票の確認

　調査票の草案ができた後は，調査票に問題がないかを確認するため，本調査に先立って，小規模な調査であるプレテストを実施する．この段階まで進むと，調査側は評価対象を知りすぎてしまっているがゆえに，調査票の内容を客観的に眺められなくなっていることも多い．例えば，シマフクロウは絶滅危惧種であるが，シナリオを検討しているうちに，シマフクロウが絶滅危惧種であることは自分の中で当然のこととなってしまう．そうなると，シマフクロウが絶滅危惧種であることを前提として，文章を記述するようになってしまう．しかし，シマフクロウが絶滅危惧種であることはもとより，世の中の多くの人は，シマフクロウや絶滅危惧種が何であるかも詳しくは知らないのである．

　同じようなことは，専門家の意見を反映させる過程でも生じることがある．例えば，絶滅危惧というカテゴリーには，絶滅危惧 IA 類（絶滅寸前），絶滅危惧 IB 類（絶滅危機），絶滅危惧 II 類（危急）という細かい区分が存在する．これらの区分は専門家には重要であるが，そのまま調査票の文章に

用いると，複雑すぎて回答者が理解できなくなるかもしれない．

プレテストではこのような調査側の目の曇りを晴らすだけでなく，シナリオが妥当か，提示額が適当な金額か，あるいは支払手段が現実的かなど，これまで解説した内容が，本当に回答者にとっても妥当かどうかを確認する絶好の機会となる．具体的には表9.1のような項目を確認することになる．一般項目は，アンケート調査一般に当てはまる確認項目であり，仮想評価法に関する項目は，仮想評価法の調査に特有の確認事項である．

また，可能であればプレテストは複数回行うことが望ましい．最初は同

表9.1　プレテストでの確認項目

一般項目
回答者は設問を誤解していないか？
回答者は設問を理解できるか？
選択肢は適切か？
無効回答が多い設問はないか？
すべての回答者が同一の回答をしていないか？
自由回答欄の大きさは十分か？
設問のスキップ方法に混乱はないか？
回答時間は長すぎないか？

仮想評価法に関する項目
支払手段は妥当か？
抵抗回答はどのくらいか？
評価シナリオが非現実的ではないか？
評価シナリオを回答者は理解できるか？
賛成理由・反対理由の選択肢は適切か？
提示額は妥当か？

出典：栗山（2000）より作成

僚，知人，学生など身近な人を対象に行い，次に一般市民を対象に実施する．プレテストの段階では，必ずしも母集団を設定してサンプリングをする必要はないが，特定の地域のみでプレテストを行う場合には，1ヵ所ではなく数ヵ所で実施して，回答傾向に違いがないか確認することが望ましい．特定の地域に特定の意見が固まっている場合，調査票が妥当かどうかを確認することに役に立たないだけでなく，誤った修正を施すことになりかねないからである．

プレテストのサンプル数は，一般には25から100程度であるが，プレテストのサンプルを用いて支払意志額の推定（試算）を行いたい場合には，多めにとるに越したことはない．特に二肢選択形式の場合には，サンプル数が少なすぎると支払意志額を推定できないことがあるので，サンプル数は50以上とすべきである．

提示額の設定

プレテストでは提示額の設定についても検討を行う．付け値ゲーム形式の場合は，プレテストでの試行に基づき，最初に提示する提示額と提示額を上げていく幅を決定することになる．付け値ゲーム形式では開始点バイアスの影響が考えられるため，最初の提示額については注意を払う必要がある．

支払カード形式の場合は，提示額の範囲に注意が必要である．提示額が低すぎると，多くの回答者が最大提示額を選んでしまうことになる．例えば，支払意志額の中央値が2,000円のときに，「0円，100円，200円，……，900円，1,000円以上」を設定すると，大半の回答者は「1,000円以上」を選ぶことになる．結果として，推定された支払意志額は真の支払意志額よりも低く推定されることになる．逆に提示額が高すぎると，高い提示額が回答に影響するかもしれない．例えば，実際の支払意志額が500円の回答者に，「0円，2,000円，4,000円，……，5万円，10万円以上」の金額を提示すると，500円は安すぎるのかと思い，自分の支払意志額より高い金額を選んでしまうかもしれない．このように，あまりにも提示額が高すぎると，範囲バイアスに

コラム 11　フォーカス・グループの実施

　評価対象に対する一般市民の関心や理解度を確認するためには，8 から 12 人程度の少人数の一般市民に参加してもらい，評価対象について自由に討論してもらう「フォーカス・グループ」が有益である．仮想評価法では評価シナリオが非常に重要な役割を持っているが，一般市民にまったく理解できないようなシナリオでは意味がない．そこで，シナリオを作成する前に，一般市民の関心や理解度を確認しておく必要がある．

　例えば，熱帯林の生物多様性を保全することの価値を仮想評価法で評価する場合を考えてみよう．熱帯林に対して，木材生産の役割を重視する人もいるだろうし，医薬品などの原料となる遺伝資源としての役割を重視する人もいるだろう．あるいは熱帯林にまったく関心のない人もいるかもしれない．また「生物多様性」という概念に対して詳しい人もいれば，まったく知らない人もいるだろう．そこで「熱帯林についてどう思いますか？」，「熱帯林に多くの種類の生物がいますが，開発によって生物が絶滅することをどう思いますか？」などのテーマについて自由に議論してらもうことで，一般市民の関心や理解度を確認することができる．

　フォーカス・グループは一般市民に参加してもらうため，実際に行うためには相応の準備が必要となる．そのため，フォーカス・グループはすべての調査で行うことは難しいかもしれない．ただし，評価結果が制度・政策にそのまま反映される場合などには，欠かすことはできないものである．特に評価対象に関して何らかの意見の対立が生じているような場合，フォーカス・グループで利害関係のない中立な参加者から意見をもらうことは，適切なシナリオを設定するうえできわめて重要である．

よって評価額が高く歪められる可能性がある．こちらも，プレテストでの試行を通じて，適切な提示金額を決定することになる．

　二肢選択形式では，4〜6種類からなる提示額のセットを用意することになるが，提示額の構成が支払意志額の推定値に与える影響は非常に弱いことが知られている．例えば，真の支払意志額が 3,500 円である場合に，1,000 円・3,000 円・5,000 円・7,000 円の提示額のセットを利用しても，500 円・2,000 円・5,000 円・1 万円の提示額のセットを利用しても，支払意志額の推定値にはほとんど影響しない．ただし，極端に提示額が高すぎたり低すぎたりすると，支払意志額の推定誤差が大きくなり，支払意志額の信頼性が低下する．適切な提示額のセットでは推定値 3,500 円（95% 信頼区間 3,000〜4,000 円）と計算されるのに，不適切な提示額のセットでは推定値 3,500 円（95% 信頼区間 1,000〜6,000 円）と計算されるようなことが生じることになる．95% 信頼区間とは，同じ調査を 100 回行った場合，95 回の推定結果がその区間内に収まることを意味している．したがって，信頼区間の狭い前者の推定値の方が高い信頼性を持っている．提示額の種類は 4〜6 種類が適切であり，多すぎると信頼性が低下し，少なすぎると推定できなくなる危険性がある．

　提示額について確証が持てない場合は，プレテストで支払意志額に目安をつける方法を適用することもできる．図 9.3 は，縦軸に提示額に賛成する確率，横軸に提示額をとっている．プレテストを 40 人に行い，1,000 円，2,000 円，3,000 円，4,000 円からなる提示額のセットを、それぞれ 10 人ずつに提示しているとしよう．

　例えば，1,000 円を 10 人に提示したところ 8 人が賛成すると回答し，2 人が反対すると回答したとしよう．賛成する確率は 0.8 である．同様に他の提示額についても同じように，賛成する確率を計算してプロットする．そして，これらの点を通るような減衰曲線をフリーハンドで描くのである．「Excel でできる CVM」を利用して，実際に計算させればより正確に描けるが，プレテストではサンプル数が限られているため厳密さを求める必要はない．あくまでもあたりをつけることが目的である．

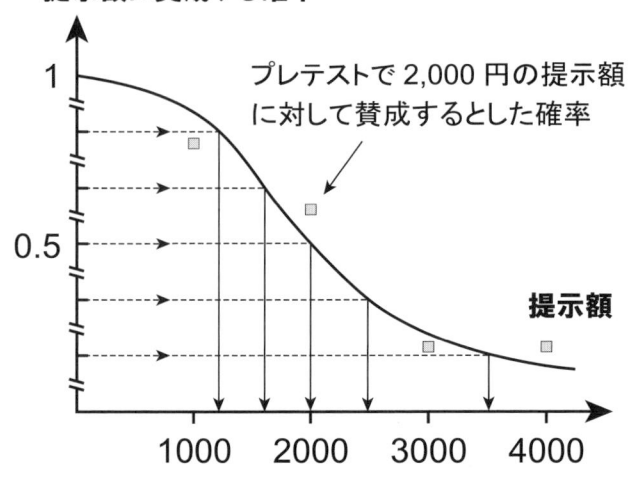

図 9.3 提示額の設定方法（二肢選択形式）

次に図 9.3 のように縦軸を等分する．提示額を 4 種類にするときは 5 等分，5 種類にするときは 6 等分する．図 9.3 では 6 等分して 5 種類の提示額を求めている．減衰曲線に照らし合わせて，それぞれに対応する提示額を調べると，1,200 円，1,600 円，2,000 円，2,500 円，3,500 円程度になるだろう．この方法で提示額を設計すると，提示額は支払意志額の中央値を中心とした金額に設定される．

繰り返しになるが，この数値はあくまでも目安であり，場合によっては調整を加えた方がよい場合もある．例えば，支払手段として入場料が選択されているとしよう．回答者は何らかの入場料を支払う場面を想像するので，小銭を用意する手間を考えて区切りのよい金額を選ぶ可能性がある．その点を考慮すると，1,200 円や 1,600 円という提示額は区切りが悪い．そのため 1,000 円，1,500 円，2,000 円，2,500 円，3,500 円と，500 円刻みに微調整した方がよいかもしれない．また，プレテストでは簡便な支払カード形式を使って，本調査では二肢選択形式を用いることも多いが，支払カード形式で

は支払意志額が低めに出る傾向があるので，提示額設計に支払カード形式のデータを用いるときには，いくぶん高めに提示額を調整する必要がある．

ダブルバウンドの場合には，金額を2回提示するが，提示額を設計する際には注意が必要である．第1に金額の上げ下げの幅を大きめにとる必要がある．1段階目の提示額と2段階目の提示額にあまり差がなければ，ほとんどの人は2段階目の提示額に対しても1段階目と同じ回答をすることになるだろう．例えば，最初に1,000円を提示して，2段階目に1,200円を提示した場合，1,000～1,200円の範囲に支払意志額がある人以外は，2回とも賛成を選んでしまうので，2回たずねる意味がなくなってしまう．

第2に表9.2に示すように提示額が重なるような設定にする必要がある．1段階目で賛成と回答した人に提示する2段階目の提示額は，より高い提示額の組み合わせの1段階目の提示額とする（1段階目で3,000円で賛成と回答した人には2段階目で6,000円が提示されるが，6,000円は1つ高い提示額のセットの1段階目の提示額である）．同じように，1段階目で反対と回答した人に提示する2段階目の提示額は，より低い提示額の組み合わせの1段階目の提示額とする（1段階目で3,000円で反対と回答した人には2段階目で1,000円が提示されるが，1,000円は1つ低い提示額のセットの1段階目での提示額である）．

表9.2 ダブルバウンドの提示額設計の例

第1段階目で提示する金額（円）	賛成と回答した場合に提示する金額（円）	反対と回答した場合に提示する金額（円）
1,000	3,000	500
3,000	6,000	1,000
6,000	15,000	3,000
15,000	40,000	6,000

本調査の実施

サンプリング方法

　調査票が完成すれば，とうとう本調査に移ることになる．仮想評価法のアンケート調査では，サンプリング方法，つまりどのように回答者を選び出すのかが重要である．サンプリング方法にはトラベルコスト法のシングルサイトモデルのように，回答者がいる現地で調査対象者を抽出するオンサイトサンプリングと，トラベルコスト法のマルチサイトモデルのように，適切な調査範囲（母集団）を設定して調査対象者を無作為に抽出（ランダムサンプリング）するオフサイトサンプリングとがある．

　オンサイトサンプリングでは，国立公園のレクリエーション利用者のように，特定の回答者層に調査が行われることになる．シナリオで想定される受益者と回答者層が一致していれば適切な評価額を得ることができるが，評価対象に非利用価値が含まれる場合には，訪問者以外の非利用者も受益者となる可能性が高い．そのため，集計額を算出する際には問題が発生することになる．そのため，仮想評価法を適用する際にはランダムサンプリングが適用されることが多い．ただし，ランダムサンプリングを行うには，適切な調査範囲（母集団）を選定しなければならない．対象者が明示的でない非利用価値を評価する場合は十分に注意が必要である．

　対象者が明示的でない場合は，プレテストで母集団の範囲を調べることが有用である．例えば，シマフクロウが生息している北海道東部に位置する釧路，北海道最大の都市札幌，東京，大阪でプレテストを実施するとしよう．このとき，釧路の支払意志額が5,000円，札幌の支払意志額が1,000円，東京と大阪の支払意志額がほとんど0円だとすると，シマフクロウの生息地を回復することの受益者は北海道内に限定されるので，本調査の調査範囲は北

第9章 仮想評価法：調査設計　　　　　　　　　　　　　　169

海道に限定してもかまわないことになる．もし，東京や大阪でも支払意志額が存在するのであれば，この生息地の回復の受益者は全国に広がっているので，本調査の調査範囲は全国とすべきと判断できる．

またこの場合，選定された母集団の範囲が，集計額を算出する際の対象世帯数となる．特定の地域（例えば，北海道）を対象に調査を行った場合には，集計する際もその地域の世帯数（北海道の世帯数）を用いることになる．特定の地域を対象に行った調査の結果に，全国の世帯数をかけて，全国の価値を求めることはできない．特定の地域が全国の意向を代表しているとは限らないからである．

調査範囲（母集団）を選定した後は，対象者リスト（名簿）を入手する．面接調査や郵送調査を行う場合には，住民基本台帳や電話帳を対象者リストとして用いる．住民基本台帳は市町村役場で閲覧でき，正確な母集団の名簿を作成することができる．ただ，個人情報保護の観点から簡単に利用できない場合が多い．2006年には住民基本台帳法が改正され，住民基本台帳の写しを閲覧するには，公益性のある統計調査・世論調査・学術研究であることが求められている．さらに情報は筆写しなければならず，人数や時間によって手数料を支払わなければならない．また閲覧した事実自体が公開されることになっている．電話帳は過去には有効な対象者リストであったが，携帯電話の普及により電話帳に電話番号を記載していない人が増えており，近年は母集団を正確に反映しているとは言えないかもしれない．

次に母集団の名簿から対象サンプルをランダムに抽出する．場合によっては，対象者リストを入手する時点で，対象サンプルを抽出する作業も同時に行ってしまっているかもしれない．どちらにしても，対象サンプルはランダムに抽出されている必要がある．サンプルを抽出する方法には，表9.3に挙げるような，単純無作為抽出法，系統抽出法，多段抽出法，層別抽出法などがある．

サンプリングを適切に行っても，得られた回答が偏っている場合もある．例えば，評価対象に関心のある人だけが回答した場合のように，アンケートに回答した人と回答しなかった人で回答の傾向が異なっていることもある．

表 9.3　サンプルの抽出方法

単純無作為抽出法
- 母集団名簿から乱数を用いて無作為にサンプルを抽出する
- 最も単純で直接的であり，区間推定が容易に行える
- 抽出作業が煩雑であり，面接調査に用いるとコストが高くなる

系統抽出法
- 最初のサンプルのみ乱数で抽出し，それ以降は一定の間隔ごとにサンプルを抽出する（例えば，母集団名簿から10人飛ばしで抽出するなど）
- 抽出作業が簡単
- 母集団名簿に周期性があるとバイアスが生じる

多段抽出法
- 例えば，まず市町村を抽出し，次に抽出された市町村からサンプルを抽出する
- 大規模な調査に適している
- 絞り込みの段階が増えると精度が低くなる

層別抽出法
- 集団を性別や職業別に均質なグループ（層）に分割し，各層からサンプルの抽出を行う
- 適切に用いれば最も精度がよい
- グループの作成に必要な情報が入手できないと使用できない

調査票の回収率が低い場合や，支払意志額の質問で無効回答が多いときには特に注意が必要である．サンプリングにおけるバイアスについては，第7章の「バイアスとその対策」も参照されたい．

サンプル数

　仮想評価法で支払意志額を算出するためには，一定数のサンプルが必要となる．サンプル数については一概にその必要数は明示できないが，自由回答形式や付け値ゲーム形式，支払カード形式では，回答者の支払意志額が一定の金額に集中しているような場合であれば，30程度のサンプル数で統計的に意味のある推定結果を得られることもある．ただ，支払意志額がある一定の金額に集中しているかどうかは事後的にしかわからないので，30サンプルでの分析を当初から想定することは勧められない．

　一方で，二肢選択形式についてはある程度のサンプル数が必要であり，支払意志額を推定するためには，最低でもシングルバウンドでは200，ダブルバウンドでは100のサンプル数が必要である．ただし，推定誤差を十分に小さくし，統計的な信頼性の高い支払意志額を推定するためには，シングルバウンドでは600，ダブルバウンドでは400のサンプル数を目安にすべきであろう．逆にサンプル数が1,000を超えると，サンプルが増えても推定誤差はそれほど小さくならないため，サンプル数は1,000を超える必要はない．以上に示したサンプル数はすべて統計解析に用いる有効回答である．回収サンプルには必ず無回答や無効回答（「わからない」を選択しているなど），抵抗回答が含まれるので，それらを見込んだうえで調査対象者数を設定する必要がある．

アンケート調査の実施形態

　仮想評価法のアンケート調査の実施形態には，聞き取り調査（面接調査），郵送調査，電話調査，インターネット調査などがある．以下では，ランダムサンプリングを前提として各実施形態について整理したい．

　聞き取り調査は高い回収率を得られ，内容的にも精度の高い調査が可能である．NOAAガイドラインでも聞き取り調査が推奨されている．ただし，

調査コストは高額になる．また調査員が直接回答者の自宅を訪問するため，調査実施の事前連絡，訪問可否の確認，調査員の事前教育，トラブルへの対処など組織的対応が求められる．サンプリングに住民基本台帳や電話帳などを利用するほか，マンションやアパートなどが存在しない地域には，住宅地図なども利用することができる．

郵送調査は比較的低コストで実施できるが回収率は低くなることが多い．回収率は調査内容によって大きく異なるため，一概に妥当な回収率を示すことは難しいが，経験上，回収率が30%を下回ることも多い．サンプリングに住民基本台帳や電話帳などを利用するほか，聞き取り調査と同じように住宅地図などを利用して直接郵便ポストに配布することもできる．また母集団の範囲にもよるが，町内会や自治会を通じて配布したり，市町村の広報誌や新聞に折り込んでもらったりもできる．ただし，調査票をポストに直接投函したり，広報誌や新聞に折り込んだりする場合には十分な配慮が必要である．宛名がない郵便は，投げ込み広告として開封されずに処分される可能性が高いからである．一目で調査票であることがわかるような工夫がなければ，回収率は大幅に下がる可能性がある．

電話調査は低いコストで実施することが可能である．ただし，回収率はそれほど高くない（調査内容によっても大きく異なる）．平日の日中に調査を行うと，主婦や高齢者に回答が偏るなどの問題もある．また写真を使った説明ができないため，適切な情報伝達が難しい場合もある．サンプリングに電話帳を利用するほか，近年は乱数によって電話番号を発生させるRDD（Random Digit Dialing）方式が用いられることもある．

近年はインターネット調査が用いられることも多い．回答者がインターネット利用者に限定される点が問題であるが，比較的低い調査コストで短期間に調査を実施できる．また分岐が続く複雑な設問でも質問できる利点がある．ただし不特定多数が回答し，かつ回答者は若年層に偏りがあることが指摘されてきた．このような問題点を回避するため，調査会社のモニターを対象としたインターネット調査が増えてきている．この場合，年齢や性別などの個人属性が偏らないように，調査会社にサンプリングを依頼することがで

第9章 仮想評価法：調査設計

きる．

　近年は，個人情報の不適切な扱いが大きな社会問題となっており，聞き取り調査や郵送調査，電話調査の実施は年々難しくなってきている（回答率も下がる傾向にある）．電話や訪問による詐欺事件なども増えているため，警察に通報されることまで想定した，しっかりとした対応が必要である．このようなこともあり，調査側が個人情報を直接入手するのではなく，サンプリングや個人情報の取り扱いについては，調査会社に依頼する例も増えてきている．

練習問題

　以下は湿原の自然再生事業に関する仮想評価法のシナリオです．シナリオの問題点を挙げて下さい．

　　湿原は人間にとって重要な存在です．湿原なしに人間は生きていけないといっても過言ではないでしょう．そこで現在，湿原再生を行う自然再生事業が検討されています．この事業はある団体がお金を集め，その団体があなたに代わって湿原再生を行います．あなたはこのような団体に最大いくらの寄付をしてもかまわないと思いますか．最大支払ってもかまわない金額をお書き下さい．ただし，この金額は仮想の金額ですので，心に浮かんだ金額を気軽に回答して下さい．ちなみに国土緑化推進機構が行っている「緑の募金」には，毎年25億円程度の寄付が集まっています．

　　　　　　　　　最大＿＿＿＿＿円支払ってもかまわない

第 10 章

コンジョイント分析

►►►►► はじめに ◄◄◄◄◄

　コンジョイント分析は 1990 年代に入ってから環境評価の分野に導入された新しい手法である．仮想評価法と同様に，人々の意見に基づいて環境サービスの価値を評価する表明選好法に分類される手法である．コンジョイント分析では，環境改善のための複数の案（代替案）を人々に示して，それぞれの代替案に対する好ましさをたずねることで環境サービスの価値を評価する．その質問形式はいくつか開発されているが，この章では環境評価の分野で最も広く用いられている選択型実験を中心に解説を行う．

この章のポイント

- コンジョイント分析は，環境改善のための複数の代替案を回答者に提示し，それらに対する評価をアンケート調査により聞き出すことで，環境サービスの価値を評価する．
- コンジョイント分析は，複数の環境サービスの評価を一度に行うことができる．
- コンジョイント分析の質問のしかたには主に4つの形式があるが，環境評価では選択型実験が最も広く用いられている．
- コンジョイント分析では，提示される代替案の設計や提示方法を工夫する必要がある．

手法の概要

はじめに

　コンジョイント分析は1960年代に計量心理学の分野で誕生し，その後は市場調査などの分野で研究が進んだ手法である．第6章において，市場調査などの分野で条件付きロジットモデルの研究が進められてきたことを述べたが，これはコンジョイント分析のうち，条件付きロジットモデルを用いて分析を行う選択型実験の研究が進められてきたことを指している．そのため，マルチサイトモデルと選択型実験の分析手法はかなりの部分が共通している（第6章を読まれている方は，この章と第6章とを比較しながら読むことで，より理解を深めることができるだろう）．

第 10 章 コンジョイント分析

　はじめに，森林の再生を行うことでシマフクロウの生息地を回復させる取り組みを例として，コンジョイント分析の概要を見ていきたい．ここで取り上げているのは選択型実験による分析である．シマフクロウの生息地を回復させる例は，第 9 章で紹介した仮想評価法でも取り上げたものである．仮想評価法は，シナリオ（環境変化を記述した仮想的な説明内容）を回答者に提示し，それに対する支払意志額をアンケート調査により聞き出すことで環境サービスの価値を評価する手法であった．コンジョイント分析も環境変化を記述した仮想的な説明内容を回答者に提示する点では仮想評価法と同じである．第 9 章で紹介した仮想評価法のシナリオは次のようなものであった（一部省略）．

　この地域では砂利採取のために 50ha の森林（河畔林）が伐採されました．現在は無立木地となっています．この森林はシマフクロウの生息地でしたが，伐採によりその生息地も消失してしまいました．

　そこでこの伐採跡地に森林を再生し，シマフクロウの生息地を再生することが検討されているとします．再生された森林は伐採されなかった周辺の森林と同じような状況になると想定されています．シマフクロウがこの場所を利用できるようになるには，巣作りを助ける巣箱を設置したとしても少なくとも 20 年はかかると予想されます．ただ 20 年後には，1 つがいがこの森林のどこかに生息することが期待されています．

　あなたが NPO 法人に対してこの活動を名目とした寄付を行うと，NPO 法人はその全額をシマフクロウの生息地の再生に使うとします．あなたは ＿＿＿＿＿＿＿ 円の寄付をお願いされた合，実際に寄付を行いますか？

　　1. 寄付を行う　　2. 寄付を行わない　　3. わからない

上記のような二肢選択形式と呼ばれる質問形式では，環境変化とそれを実現するために必要な負担額を提示して，それに賛成するかどうかをたずねることになる．金額の部分には，複数の異なる金額の中からランダムに選ばれた1つの金額が割り当てられる．当然，低い負担額に対しては賛成する回答が多くなり，高い負担額に対しては反対する回答が多くなると予想される．このような回答に基づいて，負担額とそれに賛成する確率の関係から支払意志額を推定するのが，二肢選択形式で得られた回答の分析方法であった．

　ここで，上記のシナリオを再検討してみたい．このシナリオでは，森林の再生によりシマフクロウの生息地だけが回復することになっていたが，一般的には森林の再生を行うことで，土砂の流出も削減することが可能である．つまり，森林の再生は土砂災害の防止にも貢献することになる．仮想評価法では評価する環境サービスは1つに限定することが多い．そのため，複数の環境サービスを評価する場合には，異なるシナリオで複数回の調査を実施しなければならない．つまり，森林の再生によって土砂災害が防止されるという環境サービスを評価するためには，別の調査を実施しなければならないのである．しかしながら，評価する環境サービスの数が増えるにしたがって，調査の実施は困難となる．第9章で紹介したように，仮想評価法によって統計的に信頼性の高い支払意志額を推定するためには，多くのサンプル数が求められるからである．

　コンジョイント分析の大きな特徴は，このような複数の環境サービスが提供される状況で，それぞれの環境サービスの評価を一度の調査で行える点である．仮想評価法と異なり，複数の環境サービスが提供される状況ではシナリオが複数想定されるため，コンジョイント分析では，回答者に環境改善のための複数の案（代替案）を提示し，評価してもらうことになる．図10.1には現状と環境が改善した仮想的な状況が3つ示されている．また，このような3つの代替案を実現するために必要となる寄付金の額も記されている．この金額は代替案を実現するために実際にかかる費用ではなく，仮想評価法の二肢選択形式の場合と同じように調査側が設定した金額である（この金額をどのように設定するのかについては後ほど紹介する）．

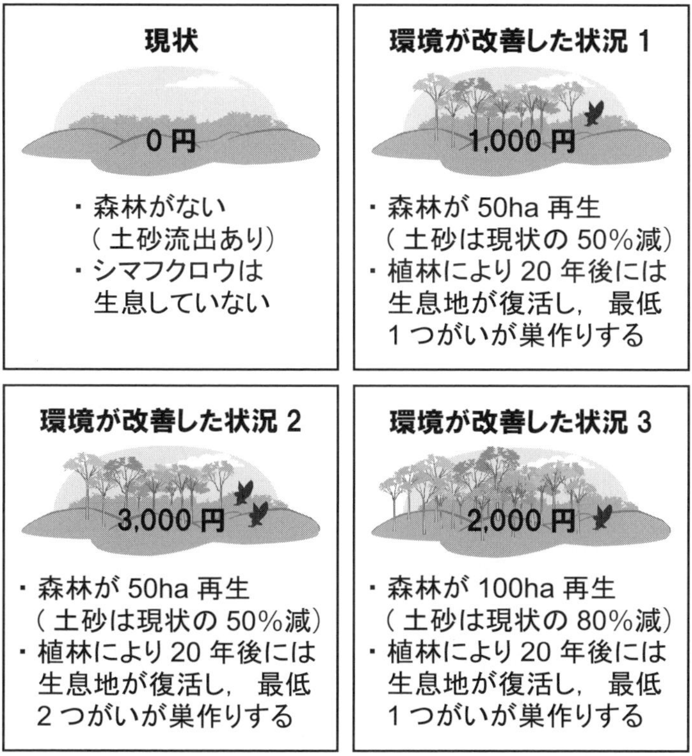

第 10 章 コンジョイント分析

現状 0 円
・森林がない（土砂流出あり）
・シマフクロウは生息していない

環境が改善した状況 1 1,000 円
・森林が 50ha 再生（土砂は現状の 50%減）
・植林により 20 年後には生息地が復活し，最低 1 つがいが巣作りする

環境が改善した状況 2 3,000 円
・森林が 50ha 再生（土砂は現状の 50%減）
・植林により 20 年後には生息地が復活し，最低 2 つがいが巣作りする

環境が改善した状況 3 2,000 円
・森林が 100ha 再生（土砂は現状の 80%減）
・植林により 20 年後には生息地が復活し，最低 1 つがいが巣作りする

図 10.1 コンジョイント分析（選択型実験）の選択肢

「環境が改善した状況 1」は，50ha の森林が再生され，20 年後にはシマフクロウが最低 1 つがい巣作りするというものである．この代替案では，50ha の森林の再生により，森林の伐採により発生するようになった土砂も半減させることができる．「環境が改善した状況 2」は，森林の再生方法を工夫することで，50ha の森林の再生でも 20 年後には最低 2 つがいが巣作りするという，シマフクロウの生息地の回復に重点を置いた代替案である．土砂の流出は「環境が改善した状況 1」と同じである．一方「環境が改善した状況 3」は，再生する森林面積に重点を置くことで，森林の伐採により発生するよう

になった土砂を80%削減する代替案である．ただし，森林面積自体は増えるものの，すべての森林をシマフクロウの生息地の回復のために再生させるわけではないので，巣作りをするシマフクロウの数は「環境が改善した状況1」と同じである．

　コンジョイント分析（選択型実験）では，このような複数の代替案から，最も望ましい代替案を回答者に選択してもらうことになる．シマフクロウのつがいの数がより多い代替案や，土砂の削減量がより多い代替案は，他の代替案より選択される確率が高いが，提示額が高ければ選択される確率は低くなると考えられる．また，シマフクロウのつがいの数がより多い一方で，土砂の削減量がより少ない代替案もあれば（環境が改善した状況2），シマフクロウのつがいの数がより少ない一方で，土砂の削減量がより多い代替案もあるので（環境が改善した状況3），選択に際してはシマフクロウのつがいの数がより多いことと土砂の削減量がより多いことのどちらが重要かについても考える必要がある．つまり回答者は，環境サービスと提示額，あるいは環境サービス間のトレードオフ関係を考慮して，自分にとって最も望ましい代替案を選択することになる．このような回答に基づいて，それぞれの環境サービスに対する支払意志額を推定することになる．具体的には，第6章で紹介した条件付きロジットモデルを適用することで，「シマフクロウが1つがい巣作りすることに対する支払意志額」や「土砂を1%削減することに対する支払意志額」を評価することになる．

　このようにコンジョイント分析の最大の特徴は，仮想評価法のようにある1つの環境変化の価値を評価するのではなく，代替案を構成する個々の属性の価値を評価する点にある．属性ごとの価値を評価することができれば，それらを組み合わせてさまざまな代替案の価値を評価することが可能となる．例えば，20年後に最低2つがいのシマフクロウが巣作りし，同時に土砂を80%削減する代替案の価値は，「シマフクロウが1つがい巣作りすることに対する支払意志額」と「土砂を1%削減することに対する支払意志額」に基づいて評価することができる．また，このような形でさまざまな代替案の価値を評価することができるため，代替案を比較検討することが可能である．

実際の制度・政策を立案するうえでは，さまざまな代替案を比較検討することが必要であるため，このような場面でコンジョイント分析はきわめて有効である．仮想評価法と同様，コンジョイント分析は非利用価値を評価することが可能であることも考え合わせると，コンジョイント分析で得られる結果は，仮想評価法で得られる結果よりもかなり使い勝手がよいことがわかる．1990年代に入り，コンジョイント分析が環境評価の分野でも急速に用いられるようになった理由は，このような特徴にあるといえる．ただし，仮想評価法よりも提示される代替案は複雑になる．つまり，回答者にはより回答することが難しい質問が提示される．また，調査側も代替案の設計や提示方法を工夫する必要があり，調査に当たっては，仮想評価法よりも多くの手順を踏む必要がある．

　この章では，選択肢の設計手順やアンケート調査の実施方法といった，仮想評価法と共通する部分については触れず，コンジョイント分析に特有の課題に注目しながら解説をしていきたい．

コンジョイント分析の理論的枠組み

　コンジョイント分析の理論的枠組みについて説明するにあたり，はじめにコンジョイント分析で用いられる用語について紹介しておきたい．コンジョイント分析では，選択肢に当たるものをプロファイルと呼んでいる．ただし，プロファイルという言葉は多くの人にとってなじみがないと思われるので，この章では上記のように「代替案」という言葉を用いることにしたい．図10.2は図10.1の代替案を1つ取り出したものである．

　代替案を構成する要素は属性と呼ばれている．この例では，つがいの数，森林の再生面積（土砂の削減量），負担額の3つの属性によって代替案が構成されている．それぞれの属性がとりうる値は水準と呼ばれている．例えば，つがいの数で言えば，0つがい，1つがい，2つがいという値が水準に相当する．森林の再生面積と負担額はそれぞれ3つおよび4つの水準から構成されていることになる（属性と水準の決定方法と，代替案の作成方法は後

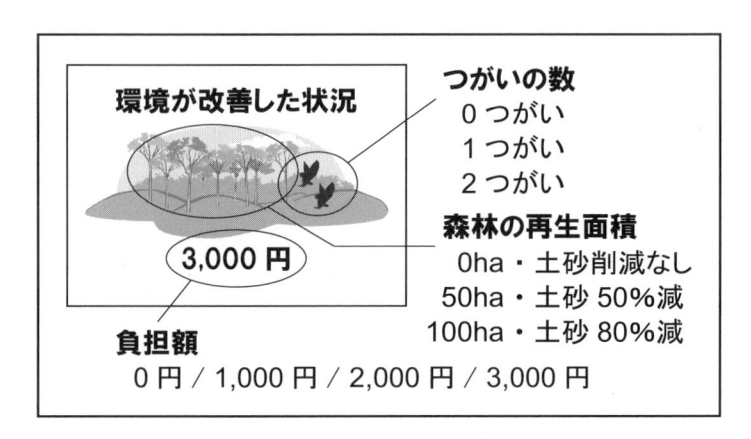

図 10.2　代替案の構成

ほど紹介する).

　コンジョイント分析では，このような代替案に点数付けをしてもらったり，図 10.1 に示したように代替案の組み合わせ（これを選択セットと呼ぶ）の中から最も望ましいものを選んでもらったり，選択セットの代替案に望ましい方から順位を付けてもらったりする．仮想評価法と同様に，評価の聞き出し方は質問形式と呼ばれており，コンジョイント分析でもさまざまな質問形式が開発されている．以下では，代表的な質問形式である完全プロファイル評定型，ペアワイズ評定型，選択型実験，仮想ランキングについて紹介する．それぞれの質問形式で用いられる分析手法はすべて異なる．各分析手法の詳細は栗山・庄子（2005）および巻末の文献紹介（さらなる学習に向けて）に記載されている中級者向けテキストを参照されたい．

完全プロファイル評定型

　完全プロファイル評定型は，図 10.3 のような代替案を回答者に 1 つ提示して，それがどれくらい望ましいかを点数付けしてもらう形式である．仮想評価法の自由回答形式と同じような質問形式である．質問は 1 回ではなく，回答者は異なる代替案に連続して回答することになる．多数の代替案に対し

図 10.3　完全プロファイル評定型の質問

て個別に点数付けを行う必要があるため，回答者の負担が重い質問形式である．

ペアワイズ評定型

　ペアワイズ評定型は，図 10.4 のように，回答者に代替案を 2 つ提示して，どちらがどれくらい望ましいかを回答してもらう質問形式である．属性数が多いときに，一部の属性のみを取り上げて比較することが可能なため，属性数が 20 個程度であっても推定ができるという利点がある．ペアワイズ評定型は完全プロファイル評定型に比べると回答しやすいが，どちらも望ましくないという意見を表明できない問題点がある．また，市場調査では，実際の商品購入時には 2 つの製品のみを比較するのではなく，複数の製品を比較する必要があるので，ペアワイズ評定型は現実的ではないという批判もある．

選択型実験

　選択型実験は，図 10.5 のように，回答者に複数の代替案からなる選択セットを提示して，その中から最も望ましいものを選択してもらう質問形式であ

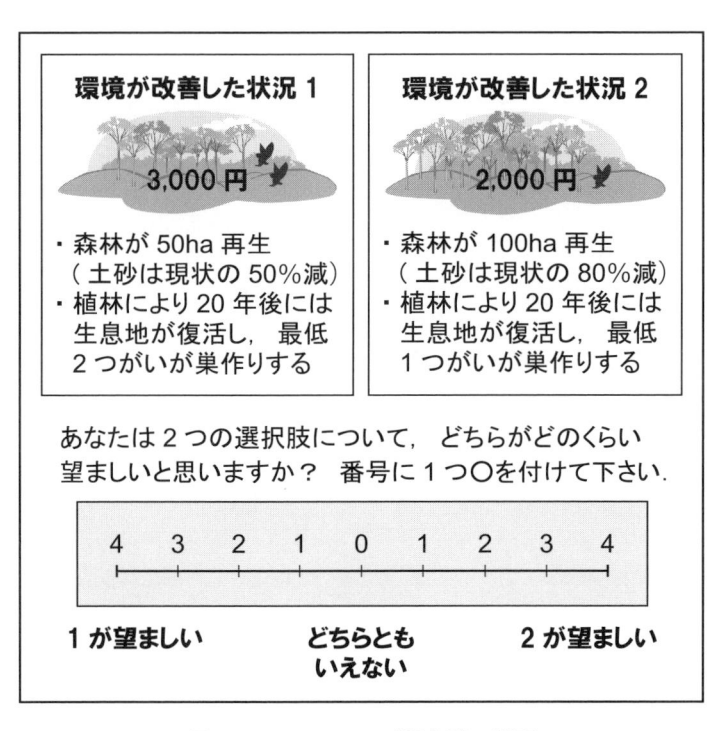

図10.4 ペアワイズ評定型の質問

る．第6章でも述べたように，このような複数の選択肢からどれか1つを選ぶという状況設定は，われわれの周りに無数に存在しており（例えば，スーパーでの買い物で，サンマとイワシ，サバの中でどの魚を買うか），そのような選択を日常的に行っているので，回答者にとっては回答しやすい質問形式である．また「どれも選ばない」といった選択肢を含めることで，どの代替案も望ましくないといった意見を表明することも可能である．このような利点から，特に環境評価の分野においては選択型実験が最も広く用いられている．

第 10 章 コンジョイント分析

【現状】
0 円
- 森林がない（土砂流出あり）
- シマフクロウは生息していない

環境が改善した状況 1
1,000 円
- 森林が 50ha 再生（土砂は現状の 50%減）
- 植林により 20 年後には生息地が復活し，最低 1 つがいが巣作りする

環境が改善した状況 2
3,000 円
- 森林が 50ha 再生（土砂は現状の 50%減）
- 植林により 20 年後には生息地が復活し，最低 2 つがいが巣作りする

環境が改善した状況 3
2,000 円
- 森林が 100ha 再生（土砂は現状の 80%減）
- 植林により 20 年後には生息地が復活し，最低 1 つがいが巣作りする

【選択型実験】
あなたは 4 つの選択肢の中で，どれが一番望ましいと思いますか？ 番号を 1 つ選んで記入して下さい．

選択肢 □

【仮想ランキング】
4 つの選択肢について，望ましい順に並べて下さい．

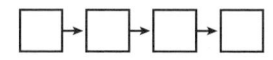

□ → □ → □ → □
望ましい　　　　望ましくない

図 10.5　選択型実験・仮想ランキングの質問

仮想ランキング

　仮想ランキングも，図 10.5 のような選択セットを回答者に提示するが，最も望ましいものを選択してもらうのではなく，代替案に順位付けしてもらう質問形式である．図 10.5 のようにすべて順位付けする質問形式はフルランキングと呼ばれており，望ましい順に 1 番目と 2 番目だけを聴取するような質問形式は部分ランキングと呼ばれている．

　仮想ランキングのメリットは，最も望ましい代替案を 1 つだけ選択する選択型実験と比較して，より多くの情報が得られる点である．ただし，一般的に回答者は順位付けには慣れていないことが予想される．例えば，サンマとイワシ，サバの中でどの魚を買うかまでは日常的に考えているが，買わないと決めたイワシとサバで，どちらをより買わないかまでは通常考えていないからである．このような理由から，順位付けする質問形式は回答者の負担が大きく，回答者が混乱したり，回答することに疲れてしまったりする場合もある．そのような場合，回答の信頼性が低くなることが指摘されている．

分析の手順

　ここからは，データを使いながら，コンジョイント分析について紹介していきたい．この節では選択型実験を取り上げている．使用するデータは環境保全や地域経済の活性化に寄与する木材の評価に関するデータである．特に環境保全に寄与する「森林認証」に対する人々の評価を明らかにすることが目的である．回答者は札幌市の主婦を中心とした 150 名である．回答者に提示されたアンケート調査票では，写真やイラストが使われており，説明の合間に理解を促すための質問が挿入されているが，ここではそれらを省略して，コンジョイント分析にかかわる部分についてのみ示す．

環境保全や健康，北海道経済の活性化を考えた木材の利用に注目が集まっています．例えば，環境に影響を与えないよう，適切に管理された森林から切り出された木材に，ラベルをつけて販売する「森林認証」の試みや，地元で切り出された木材を地元で消費して，輸送に伴う二酸化炭素を削減し，同時に地域経済の活性化に貢献する「地産地消」の試みがあります．

上記のような取り組みがなされていても，品質に不満があったり，高価であったりしてはしかたがありません．ここからはどれくらいの品質や価格ならば，木材を購入してもらえるかを知るための質問を行います．

仮に皆さんのお宅の1室（6～8畳）の内装を変更することになったと想像して下さい（賃貸住宅にお住まいの方は，ご自宅をご購入する場合を想像して下さい）．内装には壁紙（ビニールクロス）など木材以外の素材も使われますが，木材もよく使われます．

木材を使うことの利点は，自然の風合いを活かせること，森林認証を受けた木材であれば自然環境への影響が少なく，二酸化炭素の吸収（地球温暖化の防止）にもわずかながら貢献できること，さらに地元で切り出された木材であれば地域経済の活性化にも貢献できることです．一方，気密性や断熱性，シックハウス症候群の発生の点で，木材とその他の素材にはほとんど違いはないとします．木材を使った内装を選ぶ際に，工務店からは「木材は以下の4つの項目を組み合わせた好きな商品を選べる」と言われているとします．

項目1：森林認証の有無
・FSCと呼ばれる，世界的にも厳しい「森林認証」を受けた森林から生産された木材（違法伐採はもとより，切り出された森林の環境にも配慮されている）
・特に認証は受けていない普通の木材（違法伐採による木材か，切り出された森林の環境に配慮されているか確認できない）

（次ページに続く）

> 項目2：地産地消への配慮
> ・北海道産の木材
> ・北海道産ではないが国産の木材
> ・外国産の木材（北米，北欧もしくはロシアの木材）
>
> 項目3：外観
> （詳細は次ページ図10.6を参照）
>
> 項目4：くるい（性能に影響ないそり・ねじれ）
> ・くるい（そり・ねじれ）はまったくない
> ・気づかない程度のわずかなくるいが生じる
> ・性能に影響はないが多少のくるいが生じる
>
> 　ここからは，以上で示した4つの項目と工事費などすべてを含んだ総費用を組み合わせた，さまざまな商品の組を計8組お見せします．それぞれの組の中で，最も望ましいものを1つずつお選び下さい．どうしても選べないときは「この組み合わせからは選べない」を選んでもかまいません．ただし，高額な商品を選ぶと，日頃の生活費を削らなくてはならないことには注意してお答え下さい．

　実際に提示される選択セットは図10.6のようなものであり，回答者は代替案の組み合わせが異なる8つの選択セットに対して回答を行うことになる．

　得られた選択結果は，条件付きロジットモデルを用いて分析することができる．第6章でも紹介したように，条件付きロジットモデルでは，各商品（内装変更の案）の効用 (U) が観察可能な確定効用 (V) と誤差項 (ε) の合計で示されると仮定する ($U = V + \varepsilon$)．観察可能な確定効用は「$V = \beta_{森林認証} \times$ 森林認証の有無 $+ \beta_{地産地消} \times$ 地産地消の状況 $+ \beta_{外観} \times$ 外観の状況 $+ \beta_{くるい} \times$ くるいの状況 $+ \beta_{費用} \times$ 総施工費用」によって表現されるとする．ただし，β は推定される係数であり，それぞれの属性変数が1単位増加したときの効用の変化分を意味する．森林認証の有無のような名義で定義される変数は，ここではダミー変数として取り扱われている．ダミー変数とは0か1かで定

第 10 章 コンジョイント分析

例	木材使用	木材使用	木材使用	木材不使用	選べない
森林認証 地産地消 外観 くるい 総施工費用	認証なし 北海道産 まったくなし 150,000円	認証有り 国産 わずか 100,000円	認証有り 外国産 多少あり 75,000円	壁紙など 他の素材を 選ぶ 50,000円	この 組み合わせ からは 選べない
最も望ましい 商品を一つ⇒	↓ 1.	↓ 2.	↓ 3.	↓ 4.	↓ 5.

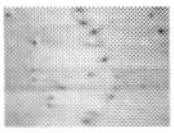

図 10.6 提示される選択セットの一例

義される変数であり，ここでは森林認証を受けていれば 1，そうでなければ 0 と定義されている．推定される係数は，森林認証を受けていない木材を基準として，森林認証を受けた木材を選ぶことによる効用の変化分を意味している．総施工費用の係数は，低い方が望ましいので符号はマイナス，森林認証の係数は，森林認証を受けた木材を選ぶことによる環境改善が効用を増大させると考えられるので，符号はプラスであると想定される．

ある代替案の選択確率は，各代替案の効用を用いて記述することができ，例えば図 10.6 の左から 1 番目の代替案の選択確率は，「1 番目の代替案の選択確率＝exp(1 番目の代替案の確定効用 V_1)/{exp(1 番目の代替案の確定効用 V_1) ＋ ⋯ ＋ exp(4 番目の代替案の確定効用 V_4)}」として計算することができる．なおこの例では，「選べない」が選択された選択セットは分析から除外されている．選択結果（どの代替案が選択されたか）と，代替案の属性についてはデータが存在するので，モデルが最も当てはまりが良くなるように係数を推定することになる．

「Excel でできるコンジョイント（選択型実験）」には，この木材の評価に関するデータがサンプルとして入っている．これに条件付きロジットモデルを適用して分析すると表 10.1 に示したような結果を得ることができる．

予想されたように，森林認証の符号はプラス，総施工費用の係数の符号は

マイナスである．つまり，森林認証を選ぶことで生じる環境改善は効用を増大させるが，一方で総施工費用の増大は回答者の効用を低下させ，選択する確率は低下することになる．t 値と p 値はともに仮説検定の結果を示したもので，p 値が 0.000 ということは，同じ調査を 1,000 回繰り返したとしても，係数が 0 となる結果は 1 回より少ないことを意味している．一方で * が付かない係数は，選択に際して統計的に有意な影響を与えていないことを意味する．

　森林認証の係数は 0.8172, 総施工費用の係数が -2.0708 と計算される．このことは，森林認証を受けた木材を選択すると，0.8172 だけ効用が増大し，逆に 10 万円総施工費用が増加すると，2.0708 だけ効用が減少することを意味している．森林認証を受けた木材を選択することで得られる効用の増大を相殺する総施工費用の増加額を求めると，「0.8172/2.0708×100,000＝39,463」となる．つまり，森林認証を受けた木材に対して，回答者は最大 39,463 円の総施工費用を追加的に支払ってもかまわないと考えていることになる．

表 10.1　条件付きロジットモデルによる推定結果

変数	係数	t 値	p 値
森林認証あり	0.8172	9.300	0.000***
北海道産の木材	1.3480	12.099	0.000***
北海道産ではないが国産の木材	1.1643	10.470	0.000***
節なし明色	0.4287	3.832	0.000***
節あり明色	0.2090	1.759	0.079*
性能に影響はないが多少のくるい	-0.6842	-5.846	0.000***
気づかない程度のわずかなくるい	-0.2041	-2.134	0.033**
総施工費用（10 万円）	-2.0708	-17.134	0.000***
1 番目の選択肢に対する定数項	0.2756	1.670	0.095*
2 番目の選択肢に対する定数項	0.2424	1.351	0.177
3 番目の選択肢に対する定数項	0.1299	0.741	0.459
N			1025
対数尤度			-1137.850

他の属性に対する評価を見ると，外国産と比較して北海道産の木材に対する支払意志額は 65,096 円，国内産（北海道産以外）に対する支払意志額は 56,225 円，外観に関しては，図 10.6 の左から 3 番目の写真の外観を基準として，左から 1 番目の写真の外観に対する支払意志額が 20,702 円，左から 2 番目の写真の外観に対する支払意志額が 10,093 円であった．一方，木材のくるいに関しては，くるいがまったくないことを基準として，性能に影響はない多少のくるいが － 33,040 円，気づかない程度のわずかなくるいが － 9,856 円であった．この負の支払意志額は，この金額分だけわれわれの効用が低下することを意味している．このように，選択型実験を適用すると，森林認証を受けた木材に対する支払意志額が評価できるだけなく，森林認証という属性が，木材の他の属性と比較してどれだけ重要であるかを定量的に示すことができる．

調査設計

属性と水準の決定

コンジョイント分析を行うには，まず回答者に提示する代替案を作成する必要がある．もちろん代替案を提示するには，代替案を提示するに至る仮想的な説明内容を設計しなければならない．ただし，この点については仮想評価法と共通であるため，第 9 章を参照していただくことにし，ここでは代替案の設計の段階から話を始めたい．

先ほどの 182 ページ・図 10.2 にあるように，代替案は属性と水準から構成されている．代替案を作成する際には，まず属性と水準の検討を行うことになる．先ほどの例では，森林の再生という事業が，シマフクロウの生息地の再生，土砂災害の防止という 2 つの環境サービスを提供することを述べ

た．前述のように，仮想評価法では，基本的に一度の調査で2つの環境サービスの価値を個別に評価することは困難であった．これに対して，コンジョイント分析では一度の調査で2つの環境サービスの価値を個別に評価することができる．コンジョイント分析では，仮想評価法のように，ある特定の水準の環境変化を想定する必要がないので，仮想的な説明内容と整合性を保ちながら自由に属性と水準の選定をすればよいことになる．ただし，属性の数はいくらでもよいというわけではない．基本的に属性の数が多くなればなるほど同時に考慮しなければならないことがらが増えるため，質問は難しくなる．評価対象と水準の数によっても異なるが，コンジョイント分析で使われる属性数は一般に6属性以下である．ただし，内容によっては5属性からなる代替案を評価するのも難しい場合もある．この点は，プレテストなどを通じて，実際に回答者が回答可能かどうかを確認することが重要である．

　属性を決定した後は，各属性の水準を決定する．水準は金額のように連続的な値を設定できる場合もあれば，森林認証を受けているか否かなどのダミー変数として設定される場合もある．どちらの場合でも，最大5水準程度を設定するのが一般的である．水準数を多くすると，下記で述べる代替案のデザインを行う過程で，作成される代替案の数が多くなる．代替案の数が多くなると回答者に代替案の組み合わせから1つを選んでもらうプロセスを繰り返す回数（質問回数）も必然的に多くなってしまい，回答者の負担が増すことになってしまう．

代替案のデザイン

　属性と水準が決まったら，それらを組み合わせて代替案を作成する．182ページ・図10.2の例でいえば，属性が3属性あり，各属性が3つおよび4つの水準から構成されている．仮にこれらをすべて組み合わせれば，$3 \times 3 \times 4 = 36$種類の代替案が作成されることになる．問題となるのは，このような代替案をどのように回答者に提示するのかである．代替案のデザインにはいくつかの方法が考案されているが，ここでは最もよく使われている直交配列につい

て紹介したい．

　このような代替案のデザインを使う理由は主に2つある．1つは属性と水準に基づいてすべての組み合わせを作成すると，属性や水準が増えた場合に，代替案の数が増えて扱いに困るためである．例えば図10.2の例に，4つの水準からなる属性がさらに2つ追加される場合，3×3×4×4×4＝576個の代替案が作成されることになる．これらすべてを回答者に提示してたずねることは困難である．

　もう1つは，こちらの方がより重要であるが，適切な組み合わせからなる代替案を用いないと，推定に失敗してしまう可能性があるためである．例えば，図10.7は3つの代替案からなる選択セットの一例である．通常，森林認証を受けた木材やくるいのない木材は生産コストが高いため，もし代替案の現実性に注目してデザインを行うのであれば，森林認証を受けた木材やくるいのない木材が用いられる場合，総施工費用が高くなるような代替案を用いるのが適当に思える．ところが，このような視点でデザインを行うと，森林認証を受けたことやくるいのないことと総施行費用の相関が高くなり，多重共線性が発生してしまうことになる．こうなると，推定は失敗することになる．

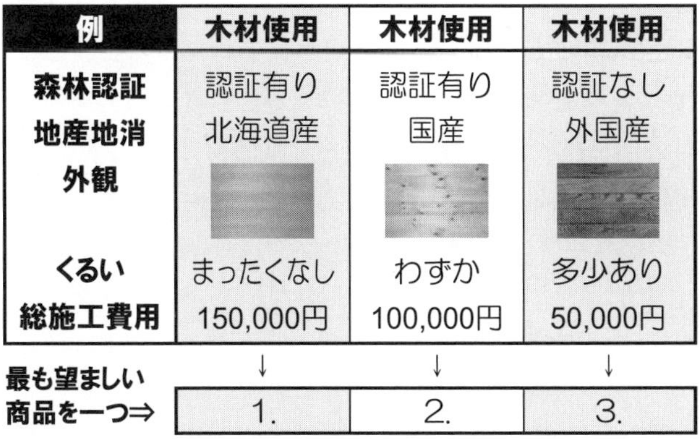

例	木材使用	木材使用	木材使用
森林認証	認証有り	認証有り	認証なし
地産地消	北海道産	国産	外国産
外観			
くるい	まったくなし	わずか	多少あり
総施工費用	150,000円	100,000円	50,000円
最も望ましい商品を一つ⇒	1.	2.	3.

図 **10.7**　属性間に相関がある代替案

直交配列を用いれば，まず扱う代替案の数を減らすことが可能である．上記の森林認証に対する評価の場合，2×3×3×3×5=270個の代替案が存在するが，表10.2に示す直交配列を用いることで，25個の代替案だけを考えればよいことになる．さらにこれら25個の代替案の属性は互いに無相関であるので，属性間の相関の問題も回避することができる．

表10.2は5属性5水準の場合の直交配列の一例を示した直交表である．表10.2には1から5までの5種類の数字が書かれている．これらは，それぞれが1つの水準に対応している．

直交配列による割り付け方法は単純であり，5つの属性をそれぞれ5つの列のどれかに対応させるだけである．どの列にどの属性を割り付けてもかまわない．例えば，森林認証の有無について，直交表の1列目の1と2に，それぞれ「認証あり」と「認証なし」を割り付けることができる．同じようにくるいや提示額についても残りのいずれかの列に割り付ければ完成である．ここで提示額以外の属性については水準が余っているが，これについては，例えば，森林認証の有無についてであれば，残った3～5の3つの値に「認証あり」か「認証なし」を対応させればよい．どの水準を対応させるかはこちらで判断することができる．

直交配列を用いると各属性間の相関が0となり，推定時に多重共線性が生じることを回避できるが，機械的に直交配列を適用すると，しばしば非現実的なプロファイルや意味のない組み合わせが生じることもある．例えば，図10.8は，シマフクロウの生息地を回復させる例であるが，明らかに「環境が改善した状況2」の方が望ましいことがわかる．環境がより改善されて，かつ負担額が生じないためである．このような代替案は支配プロファイルと呼ばれている．支配プロファイルが含まれると，すべての回答者がその代替案を選択するだけなので無駄なデータとなってしまう．さらにこの代替案は，負担額なしで森林が100ha再生し，シマフクロウも2つがい巣作りすることになっている．このような代替案は，仮想的な状況設定と矛盾する非現実的な代替案でもあるので，回答者が「このような代替案は非現実的だ」と考え，真剣に回答しなくなる可能性もある．

表 10.2 直交表の一例

代替案番号	属性1	属性2	属性3	属性4	属性5
1	2	2	5	1	2
2	5	5	2	1	5
3	3	4	5	2	1
4	5	2	4	3	1
5	1	5	5	5	3
6	5	3	5	4	4
7	2	1	4	5	4
8	3	2	3	5	5
9	3	1	2	4	2
10	1	1	1	1	1
11	4	1	5	3	5
12	4	2	1	4	3
13	2	5	3	4	1
14	1	4	4	4	5
15	5	1	3	2	3
16	3	3	4	1	3
17	4	4	3	1	4
18	1	3	3	3	2
19	3	5	1	3	4
20	1	2	2	2	4
21	2	4	2	3	3
22	4	3	2	5	1
23	2	3	1	2	5
24	5	4	1	5	2
25	4	5	4	2	2

図 10.8　支配プロファイル

　このような代替案は削除するのが望ましいが，非現実的な代替案をすべて削除すると，属性間に相関が生じて推定に影響が生じる可能性もある．画一的に削除するのではなく，割り付け方を変えたり，代替案の非現実性を緩和するためにシナリオに工夫を加えたりするなど，削除する代替案をできる限り少なくする工夫が必要である．

　完全プロファイル評定型以外の質問形式では，完成した25個の代替案を用いて選択セットを作成する．ここでは，選択型実験を想定して，3つの代替案と「現状」を表す代替案によって1つの選択セットを構成することを考えたい．現状を表す代替案は，評価の基準として選択セットに常に含めることが多い．

　コンジョイント分析では，1人の回答者に繰り返し質問を行うことがほとんどである．繰り返し回数は属性数や水準数にもよるが，5～10回程度のことが多い．直交配列に基づいて作成された代替案の数が多く，すべての代替案を提示することが回答者の負担になると判断される場合は，それらを分割して何人かの回答者に分けて質問を行うこともある．その場合は，代替案の提示される回数が不均衡にならないように注意が必要となる．

　例えば，25個の代替案から5つの選択セットを作成し，回答者に提示す

第 10 章　コンジョイント分析

る場合を想定してみたい．乱数を用いて 25 個の代替案を並び替えると，図 10.9 のように 3 つの代替案からなるセットを 8 つ作成することができる．1 番上のセットは，代替案 8, 13, 1 と現状を表す代替案の 4 つで，「選択セット 1」が形成されることを意味している．図 10.9 の上から順にセットを 5 つとると，回答者に提示する 5 つの選択セット「1 組目」を作成することができる．3 つのセットは使用されず，1 つの代替案（代替案 14）が余ることになる．

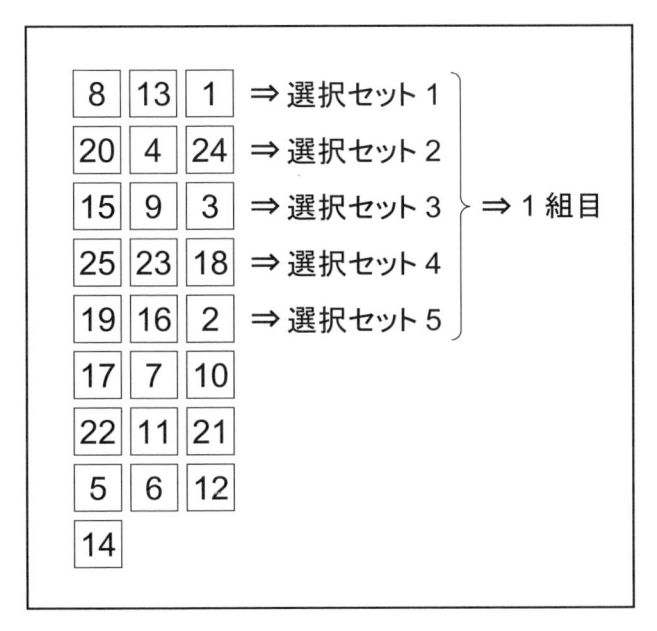

```
 8  13   1  ⇒ 選択セット 1  ┐
20   4  24  ⇒ 選択セット 2  │
15   9   3  ⇒ 選択セット 3  ├ ⇒ 1 組目
25  23  18  ⇒ 選択セット 4  │
19  16   2  ⇒ 選択セット 5  ┘
17   7  10
22  11  21
 5   6  12
14
```

図 10.9　ブロック分けの一例

このような操作を，乱数を変えて複数回繰り返せば，異なる組を作成することが可能である．ただこの方法では，特定の代替案が使用されず，代替案の提示される回数が不均衡になる可能性もある．それを避けるには，例えば 1 組目の作成で使用しなかったセット 3 つと，異なる乱数で並べ替えた配列から 2 つのセットをとり，2 組目とするような操作を繰り返せばよい．

ちょうど異なる乱数を5回適用したところで，使用しないセットを余らせることなく8組目を作成することができる．このような操作を用いれば，より代替案の出現回数を均等にすることができる．もちろんそれでも5つの余りは存在しており，出現回数が完全に均等になっているわけではない．

このような複数の組を作成するのは，「明らかに望ましい代替案」と「明らかに望ましくない代替案」が同じ選択セットに入ってしまうのをできる限り避けるためである．組数を増やせば，このような問題の影響はより軽減させることができる．もちろん組数を増やせば，アンケート調査での取り扱いは煩雑となるため，作成する組数は全体的なバランスを考えて決定することになる．森林認証に対する評価を行った実際のアンケート調査票では，3つの代替案と「現状」を表す代替案によって1つの選択セットを構成し，8つの選択セットで1組を構成しているが（つまり24個の代替案を使用して，余り1つを使用していない），このような組を5組用意している．

これまでの一連の作業を振り返ると，属性と水準の数は，1つの選択セットに含まれる代替案の数や，回答者に提示する選択セットの数にも影響を与えていることがわかる．コンジョイント分析の質問は，そもそも難しくなりがちであるため，プレテストなどで回答が難しいと判断される場合は，属性や水準の数を再考し，より回答しやすい質問にする必要がある．

このような代替案のデザインは，調査側にとっては煩雑な作業であったが，「Excelでできるコンジョイント（選択型実験）」では，上記の操作を簡単な設定のみで行えるようになっている．

サンプル数

この章の最後に，コンジョイント分析の本調査の実施について述べたい．本調査の実施は第9章の内容を参照していただきたいが，ここでは仮想評価法と状況が異なるサンプル数について考えてみたい．コンジョイント分析によって支払意志額を評価するためにも，一定数のサンプルが必要である．選択型実験であれば，統計解析に用いる有効回答で200サンプル（200人から

の回答）程度あれば十分である．ただし，この値はあくまでも目安である．選択型実験では，回答者に複数回の選択セットを提示するため，選択セットの提示回数が多ければ，より少ないサンプル数（回答者数）で推定が可能である．しかしこのような操作は，回答者の負担を大きくするため，属性数が多い難解な調査内容であった場合，また郵送調査のように調査票の分量が限られる場合には，選択セットの提示回数を制限せざるをえない．そのような場合には，よりサンプル数を確保することが求められる．コンジョイント分析におけるサンプル数（回答者数）の決定は，調査票の設計全体と関係するため，最終的にはプレテストの結果に基づいて決めることになる．

コラム 12　仮想評価法と選択型実験の比較

　選択型実験は仮想評価法の多属性版ということができる．では，仮想評価法で得られた評価結果と選択型実験で得られた評価結果は同じになるのであろうか．Boxallほか（1996）は，カナダ・アルバータ州におけるヘラジカのハンティングを対象として，仮想評価法と選択型実験とによる評価を行い，両者の結果を比較している．

　仮想評価法の質問では，ヘラジカの生息数を増加させる仮想的な状況を設定したうえで，ハンティングサイト（以下，サイト）におけるヘラジカの生息数が「1日に1頭以下の形跡を見つけることができる水準」から「1日に1～2頭の形跡を見つけることができる水準」に改善する場合，追加的にどれほどの距離を移動してもかまわないかがたずねられた（提示額は示されていないが，移動には旅行費用が生じるため，そこから費用に換算できる）．一方，選択型実験では，「自宅からサイトまでの移動距離」，「サイトまでの道路状況」，「サイト内のアクセス」，「混雑の程度（他のハンターの存在）」，「林業活動の痕跡の有無」，「ヘラジカの生息数」の6つの属性を評価の対象としてい

（次ページに続く）

る．調査側でデザインした仮想的な 2 つのサイトと，ハンティングに出かけないという選択肢を組み合わせた選択セットを回答者に提示している．つまり回答者は，仮想的などちらかのサイトに行くか，あるいはどちらにも行かないかを選択することになる．

　上記のような調査をハンターに対して行い，いずれの分析でも，ヘラジカの生息数が「1 日に 1 頭以下の形跡を見つけることができる水準」から「1 日に1～2頭の形跡を見つけることができる水準」に改善することに対する支払意志額を求めた．推定の結果，仮想評価法では平均値が 85.59 ドル，選択型実験では 3.46 ドルとなった．つまり仮想評価法による評価額は，選択型実験による評価額の 20 倍以上にもなった．分析の結果，代替的なサイトの存在を仮想評価法では考慮できないことが，両者のかい離の主な原因となっている可能性が示された．仮想評価法の設定では，他の代替的なサイトは選べないので，ハンティングの成果を高めるために移動する余地はないが，代替的なサイトがあるならば，さらに移動することで（追加的な旅行費用を支払うことで）成果を高めることが可能である．選択型実験の設定ではそのような選択が可能である．

　このように，仮想評価法と選択型実験は同じ枠組みに基づいた分析ではあるが，状況設定がわずかでも異なると，評価結果は大きく異なることもある．

練習問題

ウェブサイトから「Excel でできるコンジョイント（選択型実験）」をダウンロードし，以下の手順に基づき選択型実験を適用して下さい．このデータは，干潟においてどのような環境改善が求められているのかを明らかにするために行われた選択型実験のデータである（筆者らによる仮想データ）．代替案は，回復される干潟の面積（300・100・50ha），1 回の訪問で見られる野鳥の数（15・10・5 種類），潮干狩りができるかどうか（できる・できない），そして環境改善を行うための基金への支払い（3,000・2,000・1,000 円）の 4 属性からなっている．デザインされた 3 つの代替案と，現状維持の代替案を加えた 4 つの代替案で 1 つの選択セットが構成され，そのような選択セットが 1 人の回答者に 6 回提示されている．

1. 「Excel でできるコンジョイント（選択型実験）」を使い，条件付きロジットモデルによって，各属性の評価額（干潟が追加で 1ha 回復することに対する支払意志額，1 回の訪問で野鳥が追加で 1 種類見られることに対する支払意志額，潮干狩りができるようになることに対する支払意志額）を計算して下さい．
2. 推定結果を用いて，代替案 1（干潟の面積 300ha・野鳥の数 5 種類・潮干狩りができない・2,000 円），代替案 2（干潟の面積 50ha・野鳥の数 10 種類・潮干狩りができる・2,000 円）とでは，どちらの代替案がより望ましいと判断されるかを計算して下さい．

第 11 章

リスクの経済評価

はじめに

　この章からは，いくつかのテーマを取り上げて，そのテーマの中で環境評価手法がいかに適用されているのかを紹介する．環境問題の中には，大気汚染や水質汚濁のように，人々の健康や生命に影響を及ぼすものがある．環境評価手法は，このようなリスクにかかわる問題を理解するためにも使われている．この章では，死亡リスク削減の価値から算出される統計的生命の価値と死亡リスク削減の価値の評価手法について紹介したい．

> **この章のポイント**
> - 統計的生命の価値について理解する．
> - 死亡リスク削減の価値を評価するためには，ヘドニック賃金法と仮想評価法が用いられる．
> - 日本では死亡リスクの評価にヘドニック賃金法が使われることは少なく，仮想評価法が一般に使われている．
> - 仮想評価法による評価では，微小な死亡リスクの変化を回答者にわかりやすく伝えることが重要である．

リスクの経済評価の概要

統計的生命の価値

　はじめに，ある製品の製造工程から排出される有害化学物質の規制を検討している状況を考えてみたい．この規制を実施することで，工場の周辺地域でガンによって死亡する人が減少するとする．一方で，この規制を実施するためには，工場に新たな装置を設置したり，この物質を発生させないより高価な原材料に転換したりする必要があり，追加的な費用が発生するとする．この規制を実施すべきかどうかを検討するためには，規制の費用と便益とを比較する必要がある．しかし，この規制の便益には，ガンによって死亡する人が減少することで生じる便益が含まれている．ではどのようにすれば死亡を回避することの便益，言い換えると，救われる生命の価値を経済的に評価することができるのであろうか．

例えば，仮想評価法を用いて生命の価値を評価することを考えてみたい．仮想評価法のシナリオを「あなたは近日中にある病気で亡くなるとします．もしこの病気を治療することで亡くならずにすむとするならば，あなたはこの治療を受けるためにいくら支払ってもかまわないと思いますか？」として，回答者にたずねたとしよう．このような質問に対して多くの回答者は，「死なずにすむのであれば全財産支払ってもかまわない」と回答するであろう．しかし，生命の価値は無限と捉えることが適当なのだろうか．もし生命の価値を無限と捉えるならば，宇宙から降ってくる隕石に当たるような，きわめて小さな確率でしか起こらない事故に対しても人々は万全の対策を講じているはずである．しかし，隕石が落ちる場合に備えて具体的に対策を講じている人は実際にはほとんどいないであろう．

このことが意味することは，「死亡する」という確実なできごとと，「死亡するかもしれない」という確率的なできごととは別物であるということである．後者には，本当に危機的な状況も存在すれば，「近日中に隕石に当たるかもしれない」といった，ほとんど起こりえない状況も存在する．このような「死亡するかもしれない」という確率的なできごとを，われわれはリスクとして認識している．リスクとは，ある行動を起こすこと（あるいは起こさないこと）で生じる損害を被る可能性のことである．われわれは，死亡リスクをわずかに減少させるために費用を負担したり，死亡リスクのわずかな増加を受け入れる代わりに便益を得たりといったことを，日常的に経験している．交通事故にあわないように，時間が余分にかかっても道路ではなく歩道橋をわたることは前者に該当するし，時間を節約するために，徒歩よりも交通事故のリスクの高い自動車で移動することは後者に該当するだろう．

経済学の分野では，生命の価値そのものに代わるものとして「統計的生命の価値（Value of a Statistical Life: VSL）」の概念が考案されている．統計的生命の価値は，死亡リスク削減に対する支払意志額をリスク削減量で割ったもの，すなわち「統計的生命の価値＝死亡リスク削減に対する支払意志額/リスク削減量」によって定義される．例えば，規制を行う前の死亡リスクが10万人中6人だった場合に規制を実施すると，死亡リスクが10万人中4人

にまで低下するとしよう．このときのリスク削減量は10万分の2である．この規制に対する支払意志額を仮想評価法でたずねたところ8,000円という結果が得られたとしよう．この場合，統計的生命の価値は，「8,000円/10万分の2=4億円」となる．これは1人あたりの金額なので，例えばこの規制で250人の死亡が回避できるとした場合，規制の便益は「4億円×250人=1,000億円」となる．

人命をお金で評価することに対して抵抗感を感じる人もいるであろう．このため，統計的生命の価値の概念は，しばしば倫理的な観点から批判されてきた．しかし，この批判は誤解に基づくものである．統計的生命の価値は，微小な死亡リスクの削減に対する支払意志額をもとに計算される指標であり，生命の価値そのものではない．

この点を確認するために，再びさきほどの規制の例を考えてみたい．この規制を実施することで，10万人中2人の死亡を回避することができる．その結果250人の死亡が回避できる．逆算すると，この地域の人口は250/10万分の2=1,250万人であることがわかる．この規制を実施し，死亡リスクを10万分の2減少させることに対する支払意志額は8,000円であるから，この規制の便益は8,000円×1,250万人=1,000億円となる．これは，さきほど統計的生命の価値に回避される死亡の件数を掛けることで求めた規制の便益（4億円×250人=1,000億円）と同じ金額である．すなわち，この2つの計算は同じことをしているのである（岸本，2007）．

どちらの計算でも，求めているのはこの地域のすべての人の死亡リスクを10万分の2だけ減少させることの便益である．そのために，死亡リスクを10万分の2だけ減少させることに対する支払意志額を人口全体について集計しているのであるが，その集計のしかたが異なるだけである．このような概念が開発されたのは，統計的生命の価値を用いれば，その値に回避される死亡件数を掛けるというわかりやすい作業で便益が計算できるためである．統計的生命の価値は計算を容易にするために開発された指標であり，文字どおり生命の価値を評価したものではないことを再度強調しておきたい．

統計的生命の価値に関しては，欧米を中心に多数の研究が行われている．

評価額には研究によってかなりの幅があるが，数千万円から数億円といった評価結果が多い．アメリカやイギリスではすでに実際の政策において統計的生命の価値が用いられている．例えばアメリカでは，大気汚染に関する法律「大気浄化法」のもとで費用と便益が比較されることとなっており，その中で，大気汚染対策による健康被害防止の便益を統計的生命の価値によって評価している．そこでは，過去の研究で得られた評価額に基づき，1件の死亡を回避することの便益として630万ドルという金額が用いられている．日

コラム 13　統計的生命の価値の高齢者割引

　アメリカの環境保護庁が管轄する大気浄化法の評価では，1件の死亡を回避することの便益は，480万ドル（平均値）という値が用いられてきた．統計的生命の価値に関する過去の26の評価事例（そのうちの21研究がヘドニック法，5研究が仮想評価法によるもの）の平均値がその根拠となっている．その後，物価上昇に応じて便益額の改定が行われ，2000年の段階では平均値630万ドルが1件の死亡を回避することの便益として用いられている．

　これに対して連邦政府予算の管理を行う行政管理予算局は，環境保護庁の採用している統計的生命の価値630万ドルが他省庁の採用している金額に比べて高いこと，大気汚染の被害を受けるのは高齢者が多いが，ヘドニック法によって計測された統計的生命の価値は労働市場に基づいていることを理由に，評価額の見直しを求めた．

　行政管理予算局の批判を受け，環境保護庁は，高齢者の統計的生命の価値をより若い世代の人々の統計的生命の価値よりも安いものとする「高齢者割引」を行った評価額を併記するようになった．しかし，高齢者の救命の価値を割り引くことに対する高齢者団体などからの批判を受け，結局，高齢者割引は撤回されることとなった．

本では，内閣府が交通事故による死亡リスクを減少させることに対する支払意志額に基づき，交通事故による死亡1件あたりの損失額を2.26億円と算出している．

　死亡リスク削減に対する評価額の推定にはさまざまな方法が用いられる．最もよく用いられるのは，ヘドニック法（ヘドニック賃金法）と仮想評価法である．この章ではこれらの手法を紹介する．この他にも，人々の行動から死亡リスク削減に対する評価額を推定する方法もある．第3章の代替法で紹介した防御支出法はこれに相当するものである．

ヘドニック賃金法と仮想評価法による評価

ヘドニック賃金法

　ヘドニック賃金法は，労働市場における人々の職業選択行動を観察することで死亡リスク削減に対する評価額を推計する方法である．死亡リスクの高い危険な職種は，賃金が高くなければ働き手が現れないため，死亡リスクの低い仕事に比べて賃金が高いと考えられる．そこで死亡リスクと賃金の関係を分析することにより，死亡リスクの削減に対する評価額を推定することが可能となる．ヘドニック賃金法では，第4章で紹介したヘドニック住宅価格法と同じように，賃金とそれに影響を及ぼす属性（年齢，性別，学歴，勤続年数，……，死亡リスク）との関係を統計的に分析し，死亡リスクが賃金にどのような影響を与えているかを推定する．ヘドニック賃金法の理論的背景は，ヘドニック住宅価格法と同様であるためここでは省略するが，賃金と死亡リスクの関係は図11.1に示すようなヘドニック賃金曲線によって表現される．これは，第4章で紹介したヘドニック価格曲線と同様のものである．

　賃金に関する産業別のデータは，厚生労働省の「賃金構造基本統計調査」

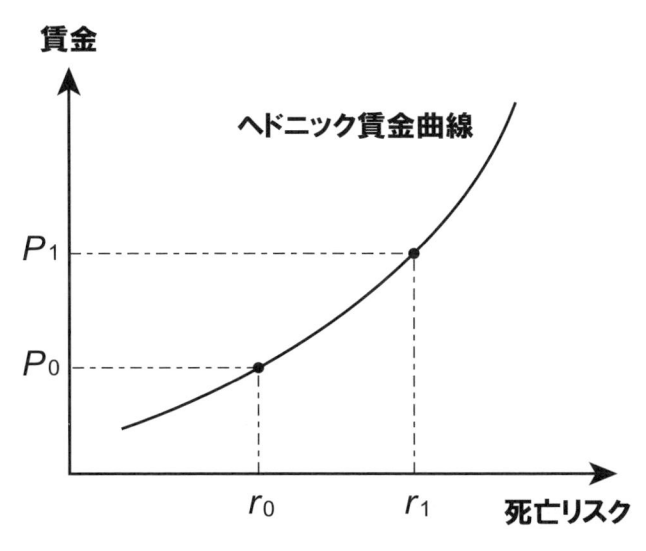

図11.1 ヘドニック賃金曲線

や総務省の「就業構造基本調査」で把握されている．一方，死亡リスク（労働災害）に関するデータは，厚生労働省の「労働災害動向調査」で把握されている．一般的には，これらのデータを用いることでヘドニック賃金法を適用することが可能なのであるが，特に日本においては，これらの統計資料のデータ（集計データ）を用いても，賃金と死亡リスクの間に有意な関係が見られなかったり，予想と逆の関係が見られたりすることが多い．そのため，集計データではなくて個人別のデータ（個票データ）を用いる取り組みも行われている．個人別のデータを用いれば，労働者の個人属性に関するデータも説明変数として使用することができるため，分析の精度は向上する．ただし，個人別の死亡リスクを把握することは困難であり，公表されている統計から産業別の死亡リスクを算出し，個人の死亡リスクとして，その個人（労働者）の属する産業の死亡リスクを使用するという方法をとらざるをえない．

　ヘドニック賃金法による分析は，ヘドニック住宅価格法と同様に課題も少

なくない．第1に，ヘドニック賃金法では，労働市場が完全競争市場であり，取引費用が存在しないことを仮定している．完全競争市場が意味することは，死亡リスクを含めたあらゆる情報が完全に公開されており，すべての労働者と企業がその情報を持っていることであるが，そのような状況は必ずしも現実的ではない．また転職する際には，職探しをする手間，転居や各種手続きの費用などさまざまな費用（取引費用）が伴うことになる．したがって，取引費用が存在しないという仮定も現実的ではないだろう．第2に，賃金に影響を及ぼす要因には相関が高い場合が多いことである．これはヘドニック住宅価格法でも指摘した問題である．例えば，学歴が高い人ほど規模が大きい企業に勤めている傾向がある場合，賃金が高いのは企業規模が大きいからなのか，学歴が高いからなのか識別できなくなる．

　さらに，ヘドニック賃金法で得られた評価額から求められた統計的生命の価値を，環境規制の便益として使用する場合にも，いくつか問題点が指摘されている．1つは，そもそも人々は各職業の死亡リスクを正確に把握して職業の選択を行っているわけではないこと，もう1つは，死亡リスクの高い職業に就いている人々の中には，もともとその職業の死亡リスクを低く見積もっている人々が含まれている可能性があることである．その場合，ヘドニック賃金法で求められた統計的生命の価値は過小評価ということになる．もう1つは，ヘドニック賃金法で求められた統計的生命の価値は，労働者のデータのみに基づいている点である．したがって，ヘドニック賃金法で求められた統計的生命の価値を，子供や高齢者，主婦などを含む一般の人々が関係する政策に用いることには問題があるかもしれない．例えば，大気汚染の影響を受けやすいのは子供や高齢者であるため，大人である労働者のデータに基づいた統計的生命の価値を用いるのは適切でない可能性がある．

仮想評価法による推定

　ヘドニック賃金法の使い勝手の問題もあり，近年は，死亡リスク削減に対する評価額を得るため仮想評価法を適用する研究も増えている．仮想評価法

はアンケート調査を用いるので，幅広い年代の人々の統計的生命の価値を推定することができる．ただし，アンケート調査を用いるためバイアスの影響を受けやすく，慎重に調査設計を行う必要がある．仮想評価法を用いた評価では，人々が死亡リスクの削減と引き換えにどれだけの支払いをしてもかまわないと考えているかを直接たずねることになる．具体的には，下記のように微小な死亡リスクの削減に対する支払意志額をたずねることになる．

> ある有害化学物質に対して有効な水道水用浄水器が開発されたとします．この浄水器を使用すると，有害化学物質の摂取を防ぐことができ，この物質に起因するガンによって死亡する確率を確実に10万分の2だけ減少させることができます．つまり，あなたの死亡する確率は，10万分の8から10万分の6に減少します．この製品の価格が＿＿＿円であったとしたら，あなたは購入しますか？
>
> 1. 購入する　　2. 購入しない　　3. わからない

ただし「死亡リスクが10万分の2減少する」と言われても回答者が認識できない可能性が高い．そこで，微小な死亡リスクの変化をわかりやすく伝えるためにさまざまな工夫が行われている．代表的なものは以下に示すようなものである．

リスクの大きさをたとえる

例えば，「10万円のうちの2円」，「平均的な人の髪の毛の本数10万本のうちの2本」，「東京都の人口約1,300万人のうちの260人」，「1年間のうちの10.5分」は，いずれも10万分の2の大きさに相当する．このように身近な例を挙げることで，微小なリスクの大きさをわかりやすく伝えることができる．

リスクのものさし

　図 11.2 はさまざまな死亡リスクの大きさの相対的な関係を示したリスクのものさしの一例である．これによると「10 万分の 2」は，火災による死亡リスクと同程度で，交通事故による死亡リスクよりは小さいことがわかる．同じように身の回りに起こりうる例を挙げることで，微小なリスクの大きさをわかりやすく伝えることができる．

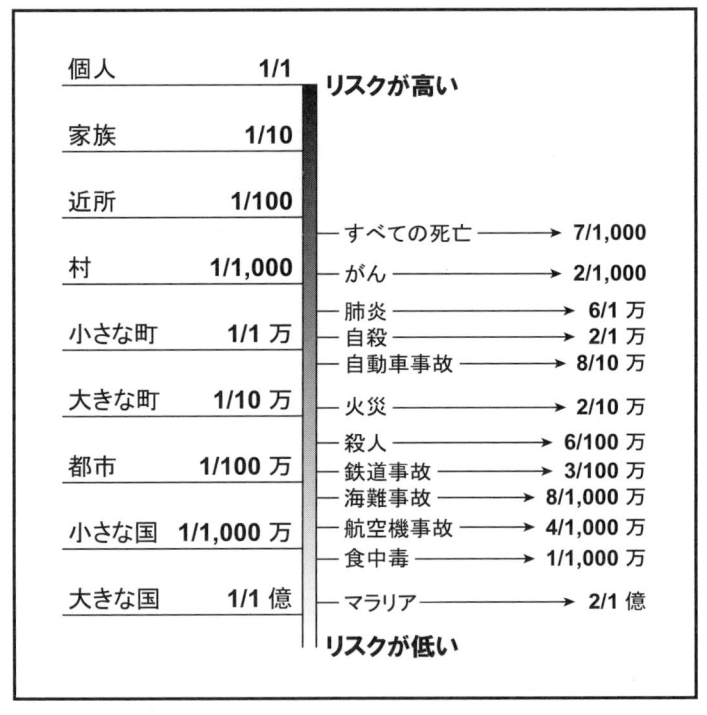

```
個人        1/1       リスクが高い
家族        1/10
近所        1/100
                     ─ すべての死亡 ──→ 7/1,000
村          1/1,000  ─ がん ──────→ 2/1,000
                     ─ 肺炎 ──────→ 6/1 万
小さな町    1/1 万   ─ 自殺 ──────→ 2/1 万
                     ─ 自動車事故 ──→ 8/10 万
大きな町    1/10 万  ─ 火災 ──────→ 2/10 万
                     ─ 殺人 ──────→ 6/100 万
都市        1/100 万 ─ 鉄道事故 ───→ 3/100 万
                     ─ 海難事故 ───→ 8/1,000 万
小さな国    1/1,000 万─ 航空機事故 ──→ 4/1,000 万
                     ─ 食中毒 ─────→ 1/1,000 万
大きな国    1/1 億   ─ マラリア ───→ 2/1 億
                     リスクが低い
```

出典：栗山・馬奈木（2008）より作成

図 11.2　リスクのものさし

ドットによる表現

これは，マス目のいくつかを塗りつぶすことで，リスクの大きさを視覚的に伝えるものである．図 11.3 はドットで 10 万分の 2 のリスク削減を説明したものである．図の上側は 10 万個のマス目のうち 6 個が塗りつぶされており，「10 万分の 6」の死亡リスクを表現している．下側は同様に「10 万分の 4」の死亡リスクを表現している．これら 2 つを比べることで，10 万分の 2 という死亡リスクの削減量を視覚的に理解することができる．

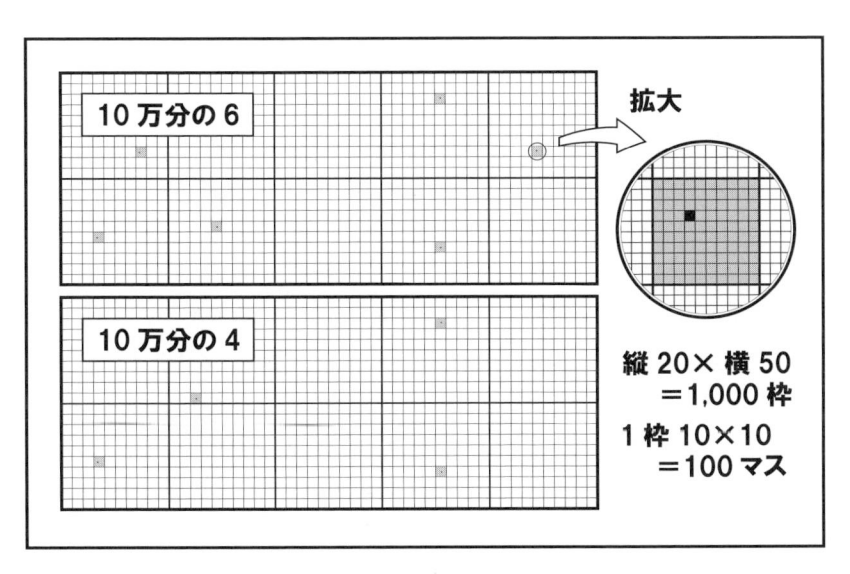

図 11.3　ドットによるリスクの表現

このような微小な死亡リスクの変化を回答者に伝えながら，シナリオの提示が行われることになる．以下では，前述のようなシナリオのもとで，10 万分の 2 の死亡リスク削減に対する支払意志額を二肢選択形式でたずねた結果，表 11.1 のような回答が得られたとしよう．

ここで T1 は回答者に最初に示した提示額，TU は最初の提示額に「はい」

表 11.1 仮想評価法による死亡リスク削減に対する評価

提示額（円）			回答（人）			
T1	TU	TL	YY	YN	NY	NN
1,000	3,000	500	22	15	8	15
3,000	6,000	1,000	16	14	10	20
6,000	12,000	3,000	8	12	17	23
12,000	20,000	6,000	5	11	13	31
20,000	40,000	12,000	1	6	15	38

出典：筆者らによる仮想データ

と回答した人に提示する2段階目の提示額（より高い提示額），TLは最初の提示額に「いいえ」と回答した人に提示する2段階目の提示額（より低い提示額）である．また，「YY」はT1に対して「はい」と回答し，TUに対しても「はい」と回答した人数，「YN」はT1に対して「はい」と回答し，TUに対しては「いいえ」と回答した人数，「NY」はT1に対して「いいえ」と回答し，TLに対しては「はい」と回答した人数，「NN」はT1に対して「いいえ」と回答し，TLに対しても「いいえ」と回答した人数を表す．高い提示額に対して「はい」と回答する人は少ないが，低い提示額に対して「はい」と回答する人は多いことがわかる．このような回答結果に基づき，「ExcelでできるCVM」により，ダブルバウンドの対数線形ロジットモデルを適用した結果が表11.2および図11.4である．

「constant」は定数項（シナリオで示された環境変化），「ln(Bid)」は提示額の対数値を意味している．係数の符号やt値，p値の解釈は，第8章で紹介したとおりである．図11.2の縦軸は提示額に賛成する確率，横軸は提示額を示している．中央値3,202円は提示額に賛成する確率が0.5となる提示額，平均値8,021円は減衰曲線の下側の面積を積分した値であり，最大提示額（40,000円）で据切りしている．支払意志額の中央値3,202円を用いる場

表 11.2　ダブルバウンド（対数線形ロジットモデル）による推定結果

	係数	t 値	p 値
constant	8.4655	12.317	0.000***
ln (Bid)	−1.0488	−12.287	0.000***
N			300
対数尤度			−396.710

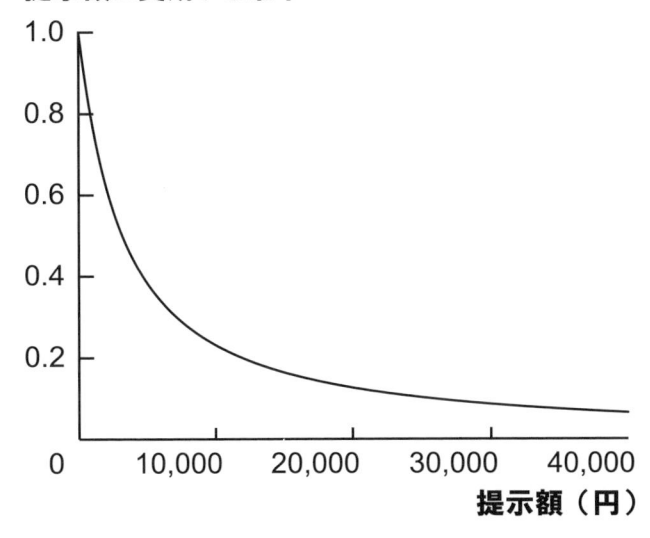

図 11.4　ダブルバウンドにより推定された減衰曲線

合，この金額をリスク削減量で割ることで統計的生命の価値が得られる．つまり「統計的生命の価値＝3,202 円/10 万分の 2＝1 億 6,010 万円」として求めることができる．

🖋 コラム 14　仮想評価法による統計的生命の価値の評価

　栗山ほか（2009）は，交通事故対策を対象に死亡リスク削減の価値を評価し，統計的生命の価値を求めている．この調査では，交通事故による死亡リスクを現在の 10 万分の 6 から 10 万分の 5 まで 17% 削減する場合と，現在の 10 万分の 6 から 10 万分の 3 まで 50% 削減する場合の 2 種類のシナリオを設定して，それぞれに対する支払意志額を仮想評価法により評価している．

　調査票では，はじめにがんによる死亡リスクと交通事故による死亡リスクが比較された「リスクのものさし」が回答者に示され，交通事故による死亡リスクの相対的な大きさを理解できるように工夫が行われた．また，回答者に死亡リスクという考え方に慣れてもらうために，死亡リスクに関する簡単な計算例に関する質問も行われた．

　仮想評価法の質問（質問形式はダブルバウンドの二肢選択形式）では，交通事故による死亡リスクを削減することができる仮想的な安全グッズを 1 年間使用することに対する支払意志額がたずねられた．この安全グッズはICカードを用いたもので，これを所持することにより，歩行中・乗車中に関わらず，事故になる直前に車のブレーキが自動的にかかるため，死亡リスクを削減することができると想定されている．このような安全グッズは，従来製品の改良ではなく，まったく新しい製品であるため，シートベルトやエアバックといった既存製品の価格による影響は受けにくいうえに，この安全グッズは運転しない人でも持参可能であるので，自動車を利用しない人でも回答可能である．ここでも，現在の死亡リスクと変化後の死亡リスクをリスクのものさしを用いて示すことで，状態変化を回答者が視覚的に理解できるよう工夫が行われている．

（次ページに続く）

層別多段無作為抽出法により抽出された 3,720 件を対象に訪問留置調査が行われ（調査先に訪問して調査票を配布し，後日回収する方法），2,000 サンプルが回収された（回収率 53.8％）．この調査では，1 回の調査で 17％ 削減に対する支払意志額と 50％ 削減に対する支払意志額の両方をたずねているが，これまでの先行研究から，1 回の調査で複数の支払意志額をたずねると，後ろの設問になるほど評価額が低くなる「順序効果」が発生することが知られている．そこでこの調査では，順序効果の影響を分析し，順序効果の影響を削除することで支払意志額の補正が行われた．
　安全グッズの効果に疑問を持つなどの理由で提示額の支払いを拒否した回答者（抵抗回答）と死亡リスクの概念やアンケート票の内容を理解していないと考えられる回答者（非理解者）を削除したサンプルで分析を行った結果，順序効果を補正した後の支払意志額は，17％ 削減のケースで中央値が 4,623 円（信頼区間 4,244 － 5,054 円），平均値（裾切りあり）が 6,617 円（信頼区間 6,180 － 7,071 円），50％ 削減のケースで中央値が 6,782 円（信頼区間 6,194 － 7,438 円），平均値（裾切りあり）が 8,687 円（信頼区間 8,180 － 9205 円）となった．17％ 削減のケースの中央値を用いて求められた統計的生命の価値は 4 億 6,227 万円（信頼区間 4 億 2,444 万円 － 5 億 535 万円），50％ 削減のケースの中央値を用いて求められた統計的生命の価値は 2 億 2,607 万円（信頼区間 2 億 646 万円 － 2 億 4,794 万円）となった．
　さらに，フルモデルにより支払意志額に影響を与える要因を分析したところ，車所持数が多い人や車利用頻度が高い人ほど，支払意志額が高いことが明らかとなった．これらの人々は，自動車事故に遭遇する確率も高くなるので，死亡事故削減に対する支払意志額が高くなったと考えられる．

練習問題

1. 10万分の1のリスクを削減する大気汚染対策への支払意志額が10,000円のとき，統計的生命の価値（VSL）がいくらになるか計算して下さい．
2. この大気汚染対策によって，200人の死亡が回避できたとすると，大気汚染対策の対象地域の人口は何人であり，この大気汚染対策の便益はいくらになるか計算して下さい．

第 12 章

費用便益分析

はじめに

　費用便益分析は，何らかの事業や政策を実施するために必要な費用と，それらによって得られる便益とを比較し，便益が費用を上回っているかどうかを分析するものである．費用便益分析は，事業や政策の実施を判断するうえで重要な役割を担っている．これまで紹介してきた環境評価手法で得られた評価結果も，最終的にこの枠組みの中で活かされることになる．この章では費用便益分析の理論と実際の分析手順，および政策における利用状況について解説する．

> **この章のポイント**
> - 費用便益分析は仮説的補償原理に基づいている.
> - 将来発生する費用や便益は割引を行い,割引現在価値に換算したうえで比較を行う必要がある.
> - 費用や便益の評価額に不確実性が存在する場合には,期待値を計算したり,感度分析を行ったりする.
> - 費用効果分析と費用便益分析の違いを理解する.

費用便益分析の概要

　費用便益分析は,公共事業などの事業や環境規制などの政策を効率性の点から評価するために広く用いられている手法である.事業や政策の費用と便益をともに金銭単位で評価,比較し,便益が費用を上回れば,その事業や政策は効率的であり,実施すべきと判断される.逆に費用が便益を上回るならば,その事業や政策は非効率的であるので,実施すべきでないと判断される.また,複数の環境規制の方法が存在するような場合では,便益と費用の差である純便益(または,便益の費用に対する比)を計算して,それが大きなものから実施すべきと判断される.

　しかし事業や政策がもたらす費用や便益は,市場価格で評価できるものばかりではない.これまで紹介してきたように,国立公園のレクリエーション価値や森林の生物多様性の価値などは,市場価格から直接評価することができない価値であった.こうした価値を反映させて費用便益分析を正確に行うためには,環境評価手法によって環境サービスの価値を評価することが必要

第 12 章 費用便益分析

である．つまり費用便益分析は，これまで紹介してきた環境評価の出口にあたるものである．この章では，まず費用便益分析を行ううえで必要となる概念について説明していきたい．費用便益分析の目的は費用と便益とを比較することであるから，単純な話のようにも思えるが，その実施にあたってはいくつか重要な概念を理解しておく必要がある．

パレート効率性

　費用便益分析がどのような基準のもとに判断を行っているかを理解するために，はじめにパレート効率性と呼ばれる概念を紹介したい．経済学では，誰の効用も下げることなく誰かの効用を上げることができるとき，そのような変化を「パレート改善」と呼んでいる．また，これ以上パレート改善が不可能な状況は「パレート効率的」あるいは「パレート最適」と呼ばれている．パレート効率的な状況では，効率的な資源配分が達成されている．例えば，教室が暑いのでエアコンの設定温度を変更し，室温を下げる状況を考えてみたい．室温を 1 度下げることで全員の効用が上昇するのであれば，この変更はパレート改善とみなすことができる．また，室温を 1 度下げることにより少なくとも 1 人は効用が上昇し，それ以外の全員の効用に変化がない場合もパレート改善とみなすことができる．このように，誰の効用も下げることなく誰かの効用を上げることができるような変化は，明らかに社会を改善する変化であると考えられる．しかし，現在の室温が適切であり，室温を下げると寒いと感じる人がいたとしたらどうであろうか．この人は室温を 1 度下げることで効用が低下することになる．したがって，室温を 1 度下げることはもはやパレート改善ではない．

　パレート改善をもたらす事業や政策は人々から間違いなく受け入れられるものである．しかし現実には，すべての人々の効用を上昇させる変化はほとんど存在しない．どのような事業や政策であっても，必ずそれによって効用が低下する人がいるであろう．パレート改善をもたらす事業や政策のみを実施しようとすると，実施可能なものを見つけることがきわめて困難になる．

仮説的補償原理

現実には，ある事業や政策によって効用が上昇する人もいれば，低下する人もいる．それらの程度も人によって異なっている．したがって，ある政策によって効用が上昇する人々の「効用の増加量」と，効用が低下する人々の「効用の減少量」を計測して，前者の合計が後者の合計よりも大きければ，その政策は社会全体にとって望ましいと判断することができるのではないだろうか．第2章で述べたように，効用そのものを個人間で比較することはできないが，「効用の増加量」を便益，「効用の減少量」を費用として，それぞれ貨幣単位で評価し，比較することは可能である．これが費用便益分析の考え方である．

費用便益分析は，理論的には仮説的補償原理という考え方に基づいている．これは，事業や政策により効用が上昇する人々の便益の合計が，事業や政策により効用が低下する人々の費用の合計より大きい限り，前者がそれぞれ自らの支払意志額より少ない金額を支払うことで，後者の損失を補償することができるという考え方である．例えば，ある企業が森林を開発しようとしたとき，この森林でレクリエーションを楽しんでいた地域住民が反対した場合を考えよう．地域住民が反対しているので現状ではパレート改善とはいえない．しかし，レクリエーションの場が失われることの代償として，企業が開発利益の一部を地域住民に補償金として支払うことを提案し，地域住民がこれを受け入れたとする．企業は補償金を支払った後にも利益が残り，地域住民も補償を受けることで満足するならば，この開発計画はパレート改善と判断することができる．同じように，森林開発を行う前段階で，企業が地域住民に実際の補償を行ってはいないが，仮に補償が行われるならば地域住民は受け入れるであろうという仮定が成り立つならば，このような状況も，結果としてパレート改善となるはずである．このような状況が「潜在的パレート改善」である．実際に補償交渉を行うことは容易ではないが，地域住民にいくらの補償をもらえば開発を受け入れるかをたずねて，その集計額を

開発によって得られる利益と比較することは，比較的容易に実施できるかもしれない．

このように考えると，費用便益分析では潜在的パレート改善が達成できるかどうかを判断の基準としていることがわかる．つまり，もし実際の補償が行われたとしたならば，そのような変化はパレート改善となるかどうかをテストしているのである．

割引

費用便益分析の判断基準は明らかになったが，費用便益分析を実際に適用するためには，もう少し理解しておかねばならない概念がある．

事業や政策が実施される場合，費用と便益が異なる時点で発生する場合がある．例えばダム建設や道路建設などの公共事業は，建設段階で多額の費用が発生し，完成後は比較的低い管理費用のみが発生する．一方，便益は建設段階では発生せず，完成後に発生する．また，地球温暖化対策の費用は現時点で発生するが，その便益は短期的には発生せず，自然災害の軽減といった形で長期的に発生することになる．このように，事業や政策の費用と便益が異なる時点で発生する場合には，費用と便益の双方を一定の比率で割り引いて，現在の価値（割引現在価値）に直したうえで比較を行わなければならない．将来の費用や便益を現在の価値に割り引く作業を「割引」といい，割引に用いられる比率を「割引率」と言う．

では，なぜ将来の費用や便益を割り引く必要があるのだろうか．ここでは銀行の利子を例に考えてみたい．一般に人々は将来の消費よりも現在の消費を好むと言われている．その場合，同じ1万円であっても，1年後の1万円よりも現在の1万円の方が高い価値を持つことになる．これは時間選好と呼ばれている．お金を貸す側（預金者）は，自分の現在の消費を断念する代わりに，お金を借りる側（銀行）にお金を預けるのであるから，時間選好への対価を受け取らなければ割に合わないことになる．これを調整しているのが利子ということになる．例えば，年利5%であれば，今年の10万円は1年

後には10.5万円（=10×1.05），2年後には11.025万円（=10×1.05×1.05）になる．現在の消費を将来に先延ばしすることに対する対価が利子に反映されていることになる．逆に2年後に10万円の商品を購入するのであれば，現在9.07万円が手元にあれば足りることになる．現在の9.07万円は，2年後に10万円（=9.07×1.05×1.05）になるからである．このように考えると，現在の10万円と2年後の10万円は等価とはいえないことがわかる．2年後の10万円は現在の10万円よりも価値が小さいことになる．

時間スケールが長くなると割引率の影響はより顕著である．例えば，年間1億円の費用が100年間にわたって生じる場合，単純に考えると費用の総額は100億円に思えるだろう．しかし，割引率を考慮して現在の価値になおすと，2年目の費用は9,524万円（1億円/1.05），100年目の費用は約80万円でしかない．このような操作は，将来の価値を現在の価値に置き換えているので，現在価値化とも呼ばれている．このように，特に長期間にわたる事業や政策の費用便益分析では，費用と便益のそれぞれを割引した割引現在価値に換算して比較する必要がある．

割引率が適用される費用便益分析の具体例として，魚道整備事業の費用便益分析を考えてみたい．ある河川に砂防ダム（砂防堰堤）を設置した結果，魚が川を上れなくなり，河川生態系が悪化してしまった状況を考えてみたい．魚が川を上れるようにするために，魚道を整備することが検討されているとする．はじめに魚道を設置するための工事費が1,000万円かかり，それ以降は維持管理のための費用が毎年50万円かかるとする．一方，時間が経つごとに多くの魚が川に戻ってきて，河川の生態系が改善するため，時間が経つごとに大きな便益が得られるようになるとする．現時点では便益が発生しないが，1年後には300万円の便益が発生し，2年後には900万円の便益が発生するとしよう．

この事業の費用便益分析の手順を示したものが表12.1である．現時点の便益から費用を差し引いた純便益は－1,000万円となる．現時点の純便益は割り引く必要がないが，1年目以降の純便益はそれぞれ割り引く必要がある．1年目の純便益は250/1.05=238.1万円，2年目の純便益は

表 12.1 魚道整備の費用便益分析

	便益	費用	純便益 （便益－費用）	純便益の割引 現在価値 （割引率 5%）
現時点	0 円	1,000 万円	－1,000 万円	－1,000 万円
1 年目	300 万円	50 万円	250 万円	238.1 万円
2 年目	900 万円	50 万円	850 万円	771.0 万円
合計				9.1 万円

出典：筆者らによる仮想データ

「850/(1.05×1.05)＝771.0 万円」となる．

　このような事業を 2 年目で評価するようなことは現実にはないが，仮に 2 年目までの純便益で事業の評価を行うならば，純便益の割引現在価値の合計は 9.1 万円となり，この事業は実施すべきと判断されることになる．

　もう 1 つ，割引率が適用される費用便益分析の例として，地球温暖化対策の費用便益分析を考えてみたい．仮に地球温暖化の抑止に現在対策を講じなければ，100 年後に 100 兆円の被害が発生すると仮定し，この被害を防ぐために 1 兆円の費用をかけて，さまざまな対策を現在実施する必要があるとしよう．この地球温暖化対策の費用便益分析を行うと，表 12.2 のようになる．

　ここで注目したいのは割引率の影響である．100 年後に 100 兆円もの純便益をもたらす対策であっても，割引率を 5% に設定した場合には，純便益の割引現在価値は 0.76 兆円となり，費用の 1 兆円を下回ることになる．このため，地球温暖化対策は実施すべきでないと判断される．一方で，割引率を 3% と設定するならば，純便益の割引現在価値は 5.2 兆円，1% と設定するならば，純便益の割引現在価値は 36.97 兆円にもなる．このように，費用や便益が遠い将来に発生する場合，割引率が少し変わっただけでも割引現在価値は大きく変化することになる．長期にわたる事業や政策の費用便益分析にお

表 12.2　地球温暖化対策の費用便益分析

	便益	費用	純便益	純便益の割引現在価値
現時点	0 円	1 兆円	－1 兆円	－1 兆円
1-99 年目	0 円	0 円	0 円	0 円
100 年目	100 兆円	0 円	100 兆円	0.76 兆円（割引率 5%）
				5.20 兆円（割引率 3%）
				36.97 兆円（割引率 1%）

出典：筆者らによる仮想データ

いては，割引率が費用便益分析の結果に強く影響するのである．

　公共事業の費用便益分析では 4% の割引率が用いられることが多いが，地球温暖化対策のような長期にわたる環境政策の費用便益分析で，どのような割引率を用いるべきかについては議論がある．割引率を高く設定すれば，遠い将来に発生する便益の割引現在価値は非常に小さなものになる．これは，将来世代が地球温暖化の被害を回避することで得られる便益を小さく見積ることを意味する．したがって世代間の公平性を重視する立場からは，次世代にわたるような長期の政策の割引率はゼロにすべきという主張もある．

不確実性

　費用便益分析を行うためには，費用と便益を評価することが必要であるが，常にこれらが正確に把握できるとはかぎらない．特に，長期にわたる事業や政策に関しては，将来の費用や便益は確実にはわからないことが多い．このような不確実性が存在する場合には，確率を用いて期待値を計算したり，設定値を変更したときの影響を見る感度分析を用いたりすることが有益である．

　便益や費用が確実にはわからないが，どのような確率でどのような結果が得られるのかがわかる場合には，便益や費用の期待値を計算することができ

る．例えば，ある環境政策が成功して割引現在価値で100万円の便益が発生する確率が60％，環境政策がある程度成功して割引現在価値で50万円の便益が発生する確率が20％，環境政策が失敗して割引現在価値で40万円の損失が発生する確率が20％であるとする．この環境政策の便益の期待値，すなわち期待便益の割引現在価値は，「(100万円×0.6)+(50万円×0.2)+(−40万×0.2)=62万円」として求めることができる．したがって，この環境政策を実施するために必要な費用が，割引現在価値で62万円以下ならば，この政策は実行すべきであると判断できることになる．このように，便益や費用が確実にはわかっていなくても，期待値を用いることで，その不確実性をおりこんで費用便益分析を行うことが可能である．

　一方，不確実性のある数値に幅を持たせて費用便益分析を行い，結果が安定的であるかを確認する「感度分析」も有益である．例えば，ある事業の便益に不確実性があり，少なく見積ると便益は50万円であるが，多く見積もると100万円である場合を考えてみたい．このとき費用が50万円未満であれば，確実にこの政策を実施すべきと判断することができ，また費用が100万円を超えるのであれば，確実にこの政策を実施すべきでないと判断することができる．つまり，費用が50万円未満であれば，便益が費用を上回るという費用便益分析の結果は安定的であるといえる．同じような不確実性は便益だけでなく費用や割引率にも生じるので，設定値を変更して何度か費用便益分析を行い，結果が安定的であるかを確認することになる．特に長期にわたる事業や政策の費用便益分析では，割引率の設定によって結果が大きく左右されるので，割引率の設定を変更して結果の安定性を確認することは重要である．

費用効果分析

　費用便益分析の理解に必要となる概念は以上のようなものであるが，最後に費用便益分析とともに，事業や政策の評価に用いられる手法である費用効果分析についても紹介したい．これら2つの手法は名前が似ているため混同

コラム 15　エルワダムの撤去

　ダムの建設は河川の生態系にきわめて大きな影響を与える．このため，アメリカではすでに巨大ダムの建設は中止されている．さらに現在では，既存のダムを撤去し，生態系を回復させる試みも行われている．

　アメリカ西海岸ワシントン州にあるオリンピック国立公園を流れるエルワ川には，エルワダムとグラインズ・キャニオンダムの2つのダムがある．これらのダムが建設されたため，エルワ川のサケは激減してしまった．サケの生息数を増やし，生態系を回復させるためには，ダムを撤去して河川を自然の状態に戻すことが必要であった．

　しかし，ダムを破壊するための費用やダムで発電されている電力が失われることの費用などを合計すると，総額約3億ドルとなると推定された．そこで，これだけの費用を費やしてまでダムを撤去すべきかどうか検討が行われることになった．

　エルワ川のダム撤去の価値を評価するため仮想評価法が適用され，全米の一般市民2,500世帯を対象にアンケート調査が実施された．提示された二肢選択形式のシナリオは「エルワ川の2つのダムを撤去して，河川や魚の生息数を元の状態に回復させるには，今後10年間，あなたの世帯の税金が1年間につき○○ドルだけ上昇するとします．あなたはこのダム撤去に賛成しますか，それとも反対しますか？」というものであった（Loomis, 1996）．

　分析の結果，支払意志額は1世帯につき年平均68ドルであり，これに全米の有効世帯数を掛けることで，集計価値は年間30〜60億ドルと推定された．これはダム撤去に必要な3億ドルの10倍以上であった．この結果は，1995年に提出された環境影響評価書にも掲載されている．

（次ページに続く）

第 12 章 費用便益分析

> 連邦議会は 1992 年に「エルワ川生態系および漁業回復法」を可決してダムを撤去することを決定した．費用便益分析の結果のみでダム撤去が決まったわけではないが，この評価額は連邦議会の決定に何らかの影響を及ぼしたものと考えられる．2011 年 9 月にはダム撤去が開始されている．

しやすいが，両者は異なる考え方に基づいた手法である．しかしながら，費用効果分析を理解することで，費用便益分析の目指していることがより明確になる側面もある．ここでは費用便益分析との違いにも触れながら，費用効果分析について紹介したい．

費用便益分析では，事業や政策の費用と効果を貨幣単位で評価して比較を行う．これに対して費用効果分析では，事業や政策の費用は貨幣単位で評価するが，効果は物量単位で評価し，それらの比をとることで，効果 1 単位あたりの費用を求める．基本的には事業や政策を行うことは決まっている条件のもとで，複数ある事業や政策の中で，どれを選択すべきかを明らかにするために用いる手法である．例えば，実施すべき政策の候補として以下の 2 つの政策があるとしよう．

- 政策 A　100 万円の費用をかけて温室効果ガスを 100 トン削減
- 政策 B　90 万円の費用をかけて温室効果ガスを 60 トン削減

費用効果分析ではそれぞれの政策の費用と効果の比をとり，温室効果ガス 1 トン削減に要する費用を求める．政策 A の温室効果ガス 1 トン削減に要する費用は，100 万円/100 トン＝1 万円/トンであり，政策 B の温室効果ガス 1 トン削減に要する費用は，90 万円/60 トン＝1.5 万円/トンである．両者の比較から，同じ温室効果ガス 1 トンを削減するための費用は政策 A の

方が安いことがわかる．ここから，政策 A を実施する方がより効率的であると判断することができる．費用効果分析を用いれば，候補となる政策が複数あるときに，どの政策を選択するのが効率的であるかを判断することができる．このように，費用効果分析は事業や政策の効率性を評価するための有益な手法であるが，必ずしもあらゆる場面で有効なわけではない．

　まず費用効果分析では，候補となる事業や政策を比較し，どれが最も費用が低いかを判断することはできるが，ある事業や政策を実施すべきかどうかを判断することはできない．例えば，上記の例では，政策 A か政策 B のどちらかを実施することを前提として効果 1 単位あたりの費用を比較した結果，政策 A がより効率的（より費用が低い）であると判断された．しかし，政策 A を実施すべきかどうかを判断するためには，政策 A の費用と便益を比較する必要がある．政策 A の温室効果ガス 1 トン削減に要する費用は 1 万円である．したがって，温室効果ガスを 1 トン削減することの便益が 1 万円以上であるかどうかを検討する必要がある．もし，温室効果ガスを 1 トン削減することの便益が 1 万円未満であれば，たとえ費用効果分析でより効率的（より費用が低い）と判断されたとしても，政策 A は実施すべきでないと判断される（もちろん政策 B も実施すべきでないと判断される）．また費用効果分析で比較できるのは，同種の効果を持つ事業や政策に限られる．例えば，以下の 2 つの政策について考えてみたい

- 政策 A　　100 万円の費用をかけて温室効果ガスを 100 トン削減
- 政策 C　　100 万円の費用をかけて廃棄物を 100 トン削減

　この 2 つの政策のどちらを実施すべきかを費用効果分析で判断することは困難である．なぜなら，政策 A の温室効果ガス 1 トン削減に要する費用は，100 万円/100 トン＝1 万円/トンであり，政策 C の廃棄物 1 トン削減に要する費用は，100 万円/100 トン＝1 万円/トンあるが，同じ 1 トンでも温室効果ガスと廃棄物とではまったく異なるものであるため，この結果を直接比較することはできないからである．このように費用効果分析は，同種の効果をもたらす事業や政策間で費用を比較して費用最小化を行ううえでは強力な評

価手法であるが，適用の範囲は限定されている．

　費用便益分析では，すべての効果を貨幣単位の便益に換算したうえで費用と比較する．したがって，便益が費用を上回るかどうかを見ることで，事業や政策を実施すべきかどうかを判断することができる．例えば，温室効果ガスを1トン削減することの便益を貨幣単位で評価したところ3万円であったとする．この便益3万円と費用である1万円を比較すると便益の方が大きいため，この政策は実施すべきであると判断することができる．また，候補となる政策が複数存在する場合には，純便益の大きさに基づいて政策に優先順位を付けることができる．つまり，純便益が正である政策を純便益の大きなものから順に実施することで，より効率的な政策から順に実施することが可能となる．また費用便益分析では，すべての効果が貨幣単位で評価されているため，効果の種類が異なる場合でも比較が可能である．例えば，上記の政策Aと政策Cについて，温室効果ガスを1トン削減することの便益が3万円であり，廃棄物を1トン削減することの便益が2万円であるならば，温室効果ガスを100トン削減することの便益は300万円であり，廃棄物を100トン削減することの便益は200万円であるため，政策Aを優先して実施すべきであると判断することができる．

費用便益分析の具体的な適用例

公共事業の評価

　アメリカでは，ダムなどの公共事業を対象とした費用便益分析が1940年代後半から検討されてきた．しかし，当時は環境改善の便益を評価する手法が存在しなかったため，環境に関係する事業の費用便益分析は不可能と考えられてきた．しかしその後，トラベルコスト法や仮想評価法が開発され，1979年に水資源評議会が水源開発の費用便益分析を行う際のマニュアルを

改訂した際に，トラベルコスト法と仮想評価法が環境改善の便益を評価するための手法として採用されることとなった．環境評価手法が公共事業の費用便益分析における便益評価の手法の1つとして制度的に位置づけられたのである．

一方，国内では1990年代後半より公共事業の効率性を評価するために費用便益分析が用いられており，その中で環境改善の便益を評価するための手法として環境評価手法が用いられている．公共事業の費用便益分析が行われるようになった背景には，1990年代後半に全国各地で公共事業に対する批判が広がったことがある．財政状況が厳しい中で必要性の低い無駄な公共事業が実施されているといった批判に応えるため，公共事業の効果を評価し，公共事業の効率性を示すことが求められるようになった．1997年に当時の橋本総理大臣は，関係省庁に対して公共事業を評価するシステムを導入することを指示した．これを受けて，大蔵省（当時）は1999年度に事業採択段階で全事業について費用便益分析を導入することを決定した．こうして国土交通省や農林水産省などの公共事業関係省庁は，公共事業の費用便益分析を実施することが必要となったため，費用便益分析を実施するためのマニュアルを作成した．下記がそのマニュアルを作成している事業の一覧である．

■ 公共事業評価マニュアルを作成している事業一覧
1. 道路・鉄道関連
    - 道路事業：走行時間短縮，走行経費減少，交通事故減少など（消費者余剰法）
    - 農道：農業生産向上，農業経営向上，農業農村への波及効果など（消費者余剰法）
    - 臨港道路（港湾・漁港）：輸送・移動コスト削減，交通事故減少，混雑緩和，排ガス・騒音の減少など（消費者余剰法）
    - 鉄道事業：移動時間短縮，費用縮減，事業者の便益改善など（消費者余剰法）
2. 港整備関連

- 空港事業：輸送時間短縮，輸送費用低減など（消費者余剰法）
- 港湾事業：輸送コスト削減，海難の減少など（消費者余剰法・代替法）
- 漁港事業：水産物生産コスト削減，漁獲可能資源の維持・培養など（消費者余剰法）

3. 国土保全関連
- 河川・ダム：想定年平均被害軽減期待額，河川環境整備など（代替法・仮想評価法）
- 砂防事業：資産被害の低減，人命の保護など（代替法）
- 治山事業：山地被害防止，水土保全効果など（代替法）
- 海岸事業：浸水保護，浸食防止，海岸利用など（代替法・仮想評価法）

4. 水道・下水道関連
- 水道事業：調達コスト削減，断水の解消，水質改善など（代替法）
- 下水道事業：生活環境の改善，便所の水洗化，水質保全，浸水の防除など（代替法・仮想評価法）
- 治山事業：山地被害防止，水土保全効果など（代替法）
- 農業集落排水事業：農業生産向上，生活環境改善，環境保全など（代替法）
- 漁業集落排水事業：経費減少，防災安全，漁業生産向上，交流促進など（代替法・仮想評価法）

5. 住宅・都市関連
- 市街地再開発事業：利便性向上など（ヘドニック法）
- 土地区画整理事業：宅地地価上昇など（ヘドニック法）

6. 農村・森林関連
- 農業農村整備事業：作物生産，品質向上，地下水涵養，農村空間快適性向上，公共用水域水質保全など（代替法・仮想評価法）
- 森林保全・森林環境事業：水源涵養，山地保全，環境保全，造林等経費縮減など（代替法）

7. 公園関連
- 都市公園整備：レクリエーション空間整備，都市防災，都市環境維持・改善など（トラベルコスト法・代替法）
- 自然公園整備：公園利用，自然環境の保全など（仮想評価法・トラベルコスト法）
- 港湾緑地：レクリエーション，防災，景観改善，生態系保全など（仮想評価法・トラベルコスト法）

注：消費者余剰法とは需要曲線を用いて消費者余剰を計測する手法

出典：栗山（2008）より作成

　これらのマニュアルでは，公園整備，港湾整備，下水道整備などの環境関連事業で代替法，トラベルコスト法，ヘドニック法，仮想評価法などの環境評価手法が便益評価の手法として採用されている．その後，2001年に「行政機関が行う政策の評価に関する法律」が制定され，政策評価の1つとして公共事業評価が実施されるようになった．公共事業の評価は，事前評価（新規事業の評価），事後評価（未着手または未了事業の再評価），事後評価（完了後の評価）の3つに分類され，事業費が10億円以上のものには事前評価が義務づけられている．なお公共事業評価では，一般に「費用対効果分析」と呼ばれることが多いが，費用と効果のそれぞれを金銭換算して比較していることから，実際には費用便益分析に相当するものであり，便益を金銭換算しない前述の費用効果分析とは異なるので注意が必要である．

　公共事業の費用便益分析では，環境対策によって得られる便益は評価されているが，公共事業による環境破壊などの費用については，ほとんどの事業で評価対象となっていない．また，公共事業の費用便益分析は，事業を実施する省庁が自らの事業を評価した結果を財務省や総務省がチェックするだけなので，地域住民の意見を反映する機会はない．

規制の評価

費用便益分析が広く適用されているもう1つの分野が環境規制の分野である．第11章のはじめにも述べたように，有害化学物質のような対象に環境規制を実施すると，工場は新たな装置を設置したり，この物質を発生させないより高価な原材料に転換したりする必要があるため，多額の費用が発生することになる．このため，環境規制の効率性を評価することを目的として，費用便益分析が用いられている．環境規制の費用便益分析では，環境規制を実施するために発生する費用と，環境規制によって健康被害や生態系への影響を回避できることの便益を，それぞれ貨幣単位で評価し，比較する．

アメリカでは1981年に，レーガン大統領が年間1億ドル以上の経済的な影響がある規制を新たに実施するときには「規制影響分析」を提出することを義務づけた．規制影響分析とは，規制を導入する際に，それによって生じるあらゆる影響（費用や効果，便益など）を可能な限り定量的に評価する作業である．規制影響分析では費用便益分析が中心に位置づけられている．これを受けアメリカ環境保護庁（EPA）は，大気浄化法や水質浄化法に基づく多数の環境規制の規制影響分析を行っている．表12.3はEPAが大気浄化法の費用と便益を評価した結果である（便益は1990年を基準とした金額である）．健康被害を防ぐことの便益は，ヘドニック法や仮想評価法により評価された統計的生命の価値の評価額をもとに計算されている．費用が0.5兆ドルに対して，便益が22.2兆ドルであるため，大気浄化法は費用を上回る便益を得ており，効率性の観点からも実施する妥当性があると判断できる．

日本では，2004年10月から2007年9月に規制影響分析が試行的に実施され，その後，2007年10月より規制の新設，改廃を行う際には，規制の事前評価を行うことが義務づけられている（表12.4）．しかし，国内の規制影響分析は開始されて間もない段階であるため，多くの課題が残されている．規制影響分析では，規制実施によって期待される効果と費用を，それぞれできる限り定量的に評価することが求められているが，現時点では定性的な評

表 12.3　大気浄化法に基づく評価（1970〜90 年）

リスク対象	汚染物質	便益（10 億ドル）
健康被害		
死亡	粒子状物質	16,632
死亡	鉛	1,339
慢性閉塞性肺疾患	粒子状物質	3,313
知的障害	鉛	399
高血圧	鉛	98
入院	粒子状物質，オゾン，鉛，一酸化炭素	57
呼吸器系症状	粒子状物質，オゾン，二酸化窒素，二酸化硫黄	182
その他		
土壌汚染	粒子状物質	74
景観悪化	粒子状物質	54
農業被害	オゾン	23
便益合計		22,171
費用合計		523

出典：EPA（1997）より作成

表 12.4 規制影響分析の試行的実施状況（実施件数）

省庁名	規制影響分析の数	割合
公正取引委員会	3	1.2
国家公安委員会・警察庁	23	9.3
金融庁	3	1.2
総務省	19	7.7
法務省	8	3.2
外務省	1	0.4
財務省	1	0.4
文部科学省	12	4.9
厚生労働省	11	4.5
農林水産省	37	15.0
経済産業省	50	20.2
国土交通省	27	10.9
環境省	52	21.1
合計	247	100.0

出典：総務省（2007）より作成

価にとどまっているものが多い．特に効果に関しては費用以上に定量化されていないことが多く，定量化されているとしても，多くは二酸化炭素の削減量のような物量単位にとどまっている（表12.5）．貨幣単位で評価されていないため，環境規制の効率性を判断できないという問題点が残されている．

表 12.5　規制影響分析の試行的実施状況（実施内容）

	件数	割合（％）
想定されうる効果を記載しているか？		
定量的に記載	26	10.5
定性的に記載	221	89.5
想定されうる負担を記載しているか？		
定量的に記載	23	10.5
定性的に記載	184	89.5
現状より負担が増大することは想定されないと記載	32	13.0
負担を記載していない	8	3.2

出典：総務省（2007）より作成

練習問題

大気汚染対策のために工場に排煙脱硫装置を設置する事業の費用便益分析を行うとします．現時点の便益は 5 万円，費用は 210 万円，1 年目の便益は 220 万円，費用は 10 万円です．

1. 0 年目の純便益と 1 年目の純便益はそれぞれいくらか計算して下さい．
2. 割引率を 5% としたとき，0 年目の純便益の割引現在価値と 1 年目の純便益の割引現在価値はそれぞれいくらか計算して下さい．
3. この事業の実施期間が 2 年間であるとして，費用便益分析によりこの事業は実施すべきかあるいは実施すべきでないかを判断して下さい．

第13章

その他のトピックス

▶▶▶▶▶ はじめに ◀◀◀◀◀

　この章では，これまでの章で取り上げることができなかった比較的新しいトピックや難易度の高いトピックについて紹介する．この章は，本書と中級者向けテキストの橋渡しとなることを意図している．この章で紹介するトピックに関心を持った読者は，巻末の文献紹介（さらなる学習に向けて）に記載されている中級者向けテキストにも挑戦してほしい．

環境評価研究の動向

　近年，環境評価の分野では新たな分析手法が登場し，研究が大きく進展している．顕示選好法の分野では，ヘドニック法において，データの空間的な性質を考慮した「空間ヘドニック法」が，またトラベルコスト法において，訪問回数選択（レクリエーションサイトを何回訪問するか？）と訪問地選択（どのレクリエーションサイトを訪問するか？）とを同時に分析できる「端点解モデル」が登場し，研究が飛躍的に進歩している．一方，表明選好法の分野では，時間をかけて十分な情報提供や議論を行ったうえで評価を行う「審議型評価手法」が登場し，注目を集めている．さらに，顕示選好法と表明選好法の双方に関連する分析手法として，条件付きロジットモデルを改良して「選好の多様性」を分析することを可能とした「混合ロジットモデル」や「潜在クラスモデル」，顕示選好データと表明選好データを同時に用いることで信頼性を高める「RP/SP 結合モデル」，既存の評価額を他の評価対象に移転する「便益移転」などに関する研究が活発に行われている．

　これらに加え，表明選好法と顕示選好法に続く第 3 のアプローチとして，経済実験により人々の行動を観察することを通じ，環境に対する人々の評価を分析する「実験経済学」アプローチが登場し，環境評価研究の新たな流れを作ろうとしている．この章では，これらのトピックスについて可能な限り平易な解説を試みたい．またこの章で紹介するトピックスは，柘植ほか（2011）に詳しくまとめられているので参考にしてほしい．

空間ヘドニック法

　空間ヘドニック法で用いる空間データとは，緯度・経度や住所といった位置情報を持ったデータである．ここでは，空間ヘドニック法を理解するうえで最も重要な性質である「空間的自己相関」のみについて直感的な解説を行

いたい．空間的自己相関とは，空間的に近くに存在するもの同士に相関関係があること，すなわち空間的に近くに存在するもの同士は，そうでないもの同士より似通っていたり（正の相関），逆により似通っていなかったり（負の相関）することを意味する．例えば，高級住宅地では，近隣の住宅の平均価格が高いという理由で，住宅の価格が高い場合がある．

　ここで，高級住宅地にAとBの2つの住宅があるとする．住宅Aの面する道路に街路樹が整備されたとする（図13.1）．

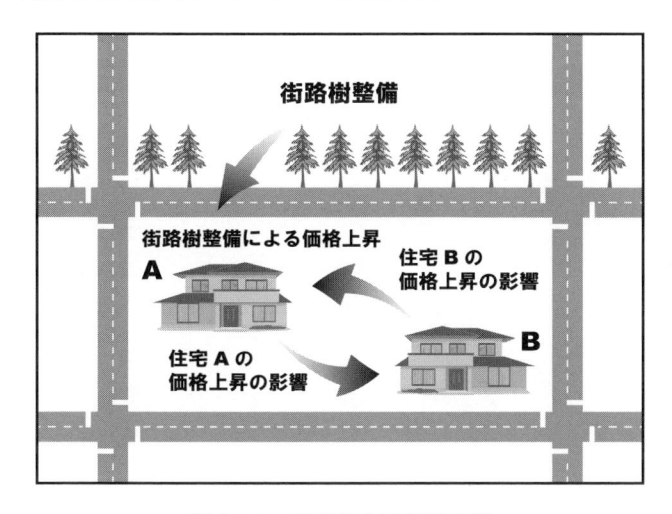

図 13.1　空間的自己相関の例

　目の前の道路に街路樹が整備されたことで住宅Aの住環境は向上するため，住宅Aの価格は高くなると考えられる．ここで，同じ住宅地にある住宅Bは別の道路に面しており，今回の街路樹整備の直接的な影響を受けないとする．しかしながら，住宅Aの価格が高くなれば，近隣の住宅の平均価格が高くなるため住宅Bの価格も高くなるだろう．つまり，住宅Bは街路樹整備の直接的影響を受けていないにもかかわらず価格が高くなるのである．またそのような影響が存在するならば，住宅Bの価格が高くなることで，近隣の住宅の平均価格が高くなるため住宅Aの価格も高くなるだろう．

このように，住宅 A と住宅 B が，その価格について相互に影響を及ぼし合うプロセスが続くことになる．このような関係があるにもかかわらず，それを考慮せずにヘドニック価格関数の推定を行うと，統計的に信頼できない結果が得られることが知られている．空間ヘドニック法はこのような点を考慮しようとするアプローチである．

端点解モデル

トラベルコスト法には，第 5 章で紹介したシングルサイトモデルと第 6 章で紹介したマルチサイトモデルがある．シングルサイトモデルは，ある特定のレクリエーションサイトへの訪問行動を分析するものであるため，例えば，「1 年間に屋久島を何回訪問するか？」といったことを分析することはできるが，代替的なレクリエーションサイトが存在する状況で分析を行うことは難しい．一方，マルチサイトモデルは，複数のレクリエーションサイトの中から訪問地を選択する選択行動をモデル化するものであるため，例えば，「九州の国立公園のうちどこを訪問するか？」を分析することはできるが，「そのサイトを何回訪問するか？」という分析は困難である．そこでこれまでは，訪問回数の分析にはシングルサイトモデル，訪問地選択の分析にはマルチサイトモデルという使い分けが行われてきた．

しかし，現実の訪問行動を考えてみると，図 13.2 のように「1 年間にどの国立公園を何回ずつ訪問するか？」といった意志決定を行っている場合も多い．そこで近年登場したのが端点解モデル（クーン＝タッカーモデルとも呼ばれる）である．端点解モデルを適用することで，訪問地選択と訪問回数選択の双方を同時に分析することが可能である．

審議型貨幣評価

表明選好法では，アンケート票に記載された限られた情報に基づいて，普段考える機会の少ない環境サービスの価値について回答を行うことが求めら

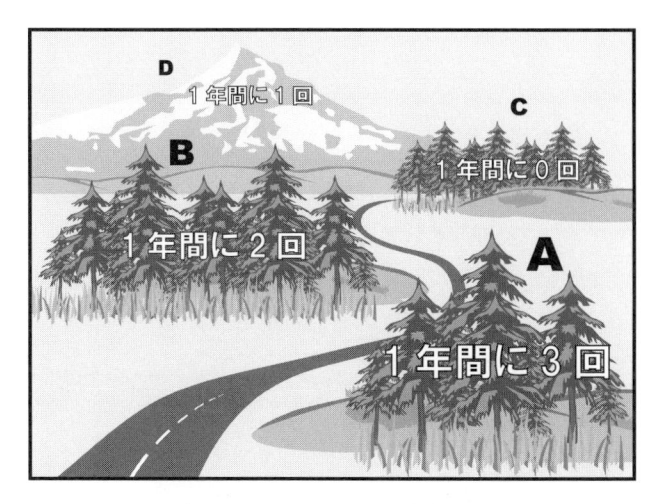

第 13 章　その他のトピックス　　　　　　　　　　　　245

図 13.2　訪問回数選択と訪問地選択が同時に生じる状況

れる．このようなアプローチに対しては，回答者の環境に対する選好が十分に形成されていない状態で回答を強いているという批判がある．もし回答者が評価対象に対する確かな選好を持たない状況で回答しているのであれば，評価結果の信頼性には疑問が生じるであろう．この問題に対処するため，時間をかけて十分な情報提供を行ったり，専門家や他の参加者との意見交換を行ったりすることで，回答者の選好が十分に形成されたうえで評価を行ってもらう「審議型貨幣評価」に関する研究が行われている．

　また表明選好法では，回答者は自らの効用を最大化することを目的とした「消費者」として回答していると考えられている．しかし，環境問題のような社会的な問題に対しては，公平性や倫理観など，効率性以外の価値基準も考慮したうえで，「市民」としての回答をしているという主張もある．審議型貨幣評価においては，消費者としてではなく，市民としての立場からの評価を求める試みも行われている．審議型貨幣評価にはさまざまな形態があるが，代表的なものに裁判制度における陪審制を応用した「市民審議会」がある．

選好の多様性

　これまでの環境評価研究では，すべての人々が同じ選好を持っていることを仮定してきた．しかし実際には選好は人によって異なることがほとんどである．例えば，同じ森林公園を選択する場合でも，登山家やハイカー，家族連れでは，実施するレクリエーションや使用する施設など森林公園内での行動だけでなく，訪問の動機や自然環境に対する認識など，心理的な側面についても大きな違いが存在するであろう（図13.3）．このように，環境について多様な意見が存在する状況は多くの環境問題で見られるものである．

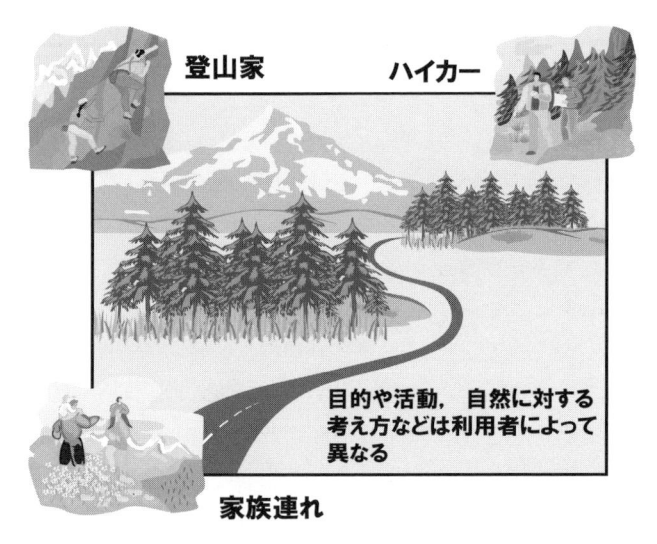

図 13.3　森林公園における利用者の選好の多様性

　選好の多様性を把握することには2つの意義がある．1つは，分析の信頼性を向上させることができることである．これまでの研究から，選好の異なる人々が存在するにもかかわらず，すべての人々が同じ選好を持つことを仮定して分析を行うと，評価結果の信頼性が低下することが知られている．

第 13 章　その他のトピックス

　もう1つは，どのような選好を持った人がどれだけいるのかを知ることができることである．特に後述の潜在クラスモデルを用いれば，事業や政策を実施することで，どのような人がどれだけ効用を増大させ，どのような人がどれだけ効用を減少させるのかも知ることができる．これにより，事業や政策の及ぼす影響を理解し，潜在的な対立の構造を理解することができるため，意志決定を行ううえできわめて有用である．このような理由から，近年は選好の多様性を把握することに主眼を置いた研究が増えている．

　選好の多様性を把握するために伝統的に用いられてきた方法には，第8章の仮想評価法の分析で説明したとおり以下の2つの方法がある．1つは，同様の選好を持つと予想されるサブサンプルに分割し，サブサンプルごとに推定を行う方法である．この方法は実施が簡単であるという利点があるが，サブサンプルごとのサンプル数が減少し，分析の信頼性を低下させてしまうという欠点がある．もう1つは，選好の多様性に関連すると考えられる個人属性を変数に加えて推定を行う方法（フルモデル）である．この方法を用いれば，サンプル数が減少することはないので，サブサンプルごとに推定を行う方法よりも望ましい方法といえよう．

　近年では選択型実験やマルチサイトモデルを適用する場合，より洗練された手法として，個人の選好の多様性を分析することが可能な混合ロジットモデル（ランダムパラメータロジットモデルとも呼ばれる）や，グループ単位の選好の多様性を分析することが可能な潜在クラスモデル（潜在セグメントモデルや有限混合モデルとも呼ばれる）が使われることが増えている．

顕示選好データと表明選好データの結合（RP/SP 結合モデル）

　顕示選好データは市場での実際の行動に裏付けられているためデータの信頼性が高いが，第4章のヘドニック法の説明の中で触れたように，変数間の相関が高いと（例えば，幹線道路に面した住宅における大気汚染と騒音の影響），多重共線性が発生し，推定の信頼性が低下することがある．また，人々の行動には顕示されない非利用価値などは評価できない．これに対して表明

選好データは，例えば第 10 章のコンジョイント分析の説明の中で触れたように，変数間の相関を排除したり，非利用価値を評価したりすることが可能である．しかしながら，さまざまなバイアスの影響を受けやすいため，データの信頼性は相対的に低いとされている．

　しかし，顕示選好データと表明選好データの特徴を眺めると，これらのデータは相互に補完的であることがわかるであろう．したがって，両者のデータを同時に使用することができれば，双方の欠点を補完しあい，より信頼性の高い評価が可能になると考えられる．このような発想から，顕示選好データと表明選好データを同時に用いて推定を行う「RP/SP 結合モデル」が開発されている．

　例えば，森林公園のサイト属性の価値を評価する状況を考えてみたい．マルチサイトモデルを適用する状況において，森林公園の面積とハイキングコースの総距離に強い正の相関がある場合には，多重共線性が発生し，分析結果の信頼性が低下することになる．これに対して，選択型実験により仮想的な森林公園に対する訪問行動をたずねる場合には，直交配列を用いて代替案を作成することで，属性間の相関を排除し，多重共線性の影響を回避することができる．また例えば，ある森林公園にこれまでにはなかった新しい施設（例えばキャンプ場）が整備された場合の影響なども分析することができる．しかしながら，あくまで仮想的な質問に対する回答であるため，データの信頼性は必ずしも高いとはいえない．このような場合，マルチサイトモデルのデータと選択型実験のデータを結合し，両者に共通の選択モデルにより推定を行うことが有益である．選択型実験単独の場合と比較してデータの信頼性を高めることができるとともに，マルチサイトモデル単独の場合と比較して多重共線性の影響を緩和することができ，さらにマルチサイトモデルでは扱うことができなかった新しい施設の影響も分析することが可能になる．このように，マルチサイトモデルのデータと選択型実験のデータを結合することで，互いの弱点を補完し合ったより信頼性の高い分析が可能になるのである．

便益移転

　環境評価を行うためには時間や費用が必要である．特に表明選好法はアンケート調査を必要とするため，信頼できる結果を得るためには費用が高額となる．そこで，過去に実施された評価の結果を利用することで，新たに調査を実施することなく評価額を得る方法が開発されている．過去の研究で得られた評価額を，新たに評価を必要としている対象に移転することから，この方法は便益移転と呼ばれる．便益移転には「原単位による移転」「支払意志額による移転」「便益関数による移転」の3つの方法がある．

　原単位による移転とは，評価対象1単位あたりの評価額を移転する方法である．例えば，ある地域の干潟10haを対象として仮想評価法による評価を行い，集計額を算出したところ10億円であったとする．このとき，干潟1haの価値，すなわち原単位は1億円となる．この金額を用いて，他の地域の干潟の価値を評価する．例えば，5haの干潟の価値は5億円となる．

　原単位による移転は簡単でわかりやすく，また原単位に移転先の評価対象の面積などをかけて移転先の評価額を求めるため，移転元と移転先で評価対象の規模が異なっていても評価額を算出することができる．ただし，移転元の評価対象と移転先の評価対象の性質が近似している必要がある．例えば，渡り鳥が飛来する国際的にも貴重な干潟を評価した結果をもとに，渡り鳥が飛来しない干潟の評価額を算出しようとすると，評価対象の性質が異なるため信頼性の高い評価額が得られない可能性が高い．また集計額を用いるため，受益者数（受益世帯数）によって大きく影響を受ける可能性がある．そのため，移転元と移転先で受益者数が近似していなければならない．

　支払意志額による移転とは，他の評価対象に対する支払意志額を使って，ある評価対象の価値を評価する方法である．例えば，ある地域の10haの干潟を評価対象として仮想評価法の調査を行ったところ，1世帯あたりの支払意志額は2,000円であったとする．これを別の干潟に対する支払意志額に移転して，その干潟の受益世帯数をかけることで，集計額を算出する．例え

ば，受益世帯数が10万世帯であれば，集計額は2億円となる．

　支払意志額による移転では集計額を用いないため，受益者数が異なっても使えるという利点がある．ただし，支払意志額による移転を行うためには，評価対象の規模や性質が近似していることが必要である．もしも，10haの干潟を評価した評価額を用いて5haの干潟の価値を評価しようとすると，異なる規模の評価対象に対する支払意志額を使うことになるため，信頼性の高い評価額は得られないであろう．

　便益関数による移転とは，支払意志額に影響を及ぼす要因を調べ，評価対象や受益者の違いを調整して移転する方法である．例えば，年齢や所得が支払意志額に影響している場合，受益者の平均年齢や平均所得が異なるにもかかわらずそのまま移転すると評価額に誤差が生じる．そこで，年齢や所得が支払意志額に及ぼす影響を明示した便益関数を推定し，この関数に移転先の受益者の平均年齢や平均所得を代入することで，年齢や所得が支払意志額に及ぼす影響を調整したうえで移転先の支払意志額を算出する．

　便益関数による移転では，評価対象や受益者の性質が異なっていても，調整を行ったうえで移転することが可能である．ただし，評価対象の性質を便益関数の変数にするためには，多数の評価対象に対する評価額が必要であり，評価事例の蓄積が少ないとこの方法は使用できない．また，便益関数の説明力が低いと移転の精度が低下する．

　これまでは，仮想評価法の評価結果を用いた便益移転が中心であったが，近年はコンジョイント分析の評価結果を用いた便益移転に対する関心が高まっている．コンジョイント分析では各属性に対する単位当たりの支払意志額が得られる．これを用いれば，原単位による移転と同様に評価対象の規模が異なっても移転が可能である．また，支払意志額による移転と同様に集計額を用いないので，受益者数が異なっても使うことができる．

　なお便益移転を行う際には，移転先の評価対象と類似した対象を評価した先行研究を見つけることが重要である．海外では過去の評価事例を収録したデータベースが整備されている．代表的なデータベースにオーストラリアの「Envalue」，カナダの「EVRI」がある．このようなデータベースは便益移転

を行ううえで有益である．

　これまでの研究から，便益移転の誤差は多くの場合20%から40%ほどであり，統計的に無視できない誤差が存在することが明らかとなっている．この原因としては，移転元と移転先の評価対象の類似性が低いことや，便益関数の説明力が低く，移転の際の調整が不十分であることなどが考えられる．現段階では便益移転の精度は低いが，便益移転は時間や費用の制約が厳しいなかでの評価を可能とするため，政策担当者の関心は高い．便益移転の精度向上は，今後の重要な研究課題である．

実験経済学アプローチ

　近年，環境評価研究の新たなアプローチとして，経済実験を用いる「実験経済学」アプローチが登場し，注目を集めている．経済実験とは，実験室に模擬的な市場を構築し，経済的インセンティブ（行動を促す動機づけ）を与えたうえで被験者（実験参加者のことを意味する）の行動を観察することで，経済理論の妥当性や制度・政策の有効性を検証する方法である．例えば，代表的な実験手法である「オークション実験」では，実験室においてオークションを行い，入札額から被験者の商品に対する評価額を計測するが，仮想的な取引を行うのではなく，実際に貨幣と商品を交換することで，現実の市場取引と同じように被験者に経済的インセンティブを与えている．

　表明選好法ではアンケート調査を用いて環境に対する支払意志額をたずねる．しかし，実際に支払いを求めるわけではないため，回答者が支払意志額を過大に表明することがある．これは「仮想バイアス」と呼ばれるもので，表明選好法における大きな問題点の1つである．実験経済学アプローチでは，被験者に実際に支払いを求めることができるため，表明選好法のように経済的インセンティブがないもとでの仮想的な支払いと，経済的インセンティブがあるもとでの実際の支払いを比較し，バイアスの存在を検証することが可能である．過去の研究事例に基づくと，仮想的な支払いのときの評価額は実際の支払いのときに比べて平均値は2.6倍，中央値は1.35倍である

ことが示されている（Murphy et al., 2005）.

　このように経済実験を用いることで，表明選好法の最大の問題である仮想バイアスに関する分析を行うことができる．実験経済学アプローチは環境評価研究を大きく前進させる可能性がある方法として大きな注目を集めている．

補論：Excel でできる環境評価

はじめに

　本書で紹介した環境評価の手法の中には，特殊な統計解析を必要とするものがあるが，初心者が統計解析を行うことは容易ではない．そこで，初心者でも簡単に環境評価を試すことができるように，表計算ソフト（Microsoft Excel）を使って環境評価の統計解析を行う方法を紹介する．ここでは，本書の著者の一人が開発した専用ソフトウェア「Excel でできる環境評価」の使い方を解説する．「Excel でできる環境評価」では，データを入力して，マウスでクリックするだけで自動的に統計分析が行われて，評価額が算出される．「Excel でできる環境評価」は著者のウェブサイトよりダウンロード可能である．各章で使われているサンプルデータや練習問題のデータも同じウェブサイトよりダウンロード可能である．

> 栗山浩一のウェブサイト「環境経済学（栗山研究室）」
> http://kkuri.eco.coocan.jp/

　「Excel でできる環境評価」には以下のファイルが含まれている．

- 説明（README.txt）
- Excel でできる CVM（CVM.xls）

- Excelでできるトラベルコスト（カウントモデル）（TCM_Count.xls）
- Excelでできるトラベルコスト（マルチサイトモデル）（TCM_RUM.xls）
- Excelでできるコンジョイント（選択型実験）（Conjoint_CE.xls）

準備

最初に「Excel でできる環境評価」を実施するための準備について説明する．ここでは「Excel でできる CVM」を例に説明するが，他のファイルの場合も同様である．

1. ファイル「CVM.xls」をダブルクリックする

すると図 A の画面が表示される．マクロを使っているためセキュリティの警告が表示される．

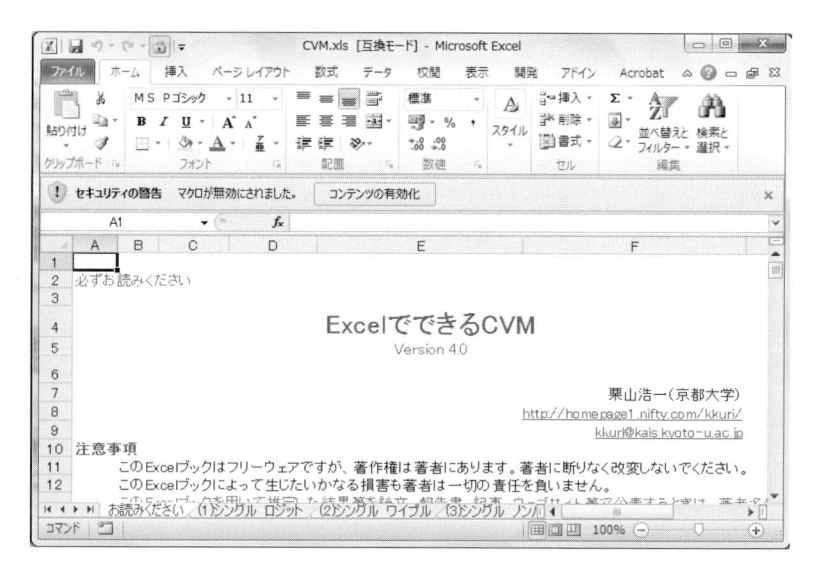

図 A　Excel でできる CVM

2. マクロを有効化する

「Excel でできる環境評価」は Excel のマクロ機能を用いているため，マクロを有効にする必要がある．「コンテンツの有効化」または「マクロを有効にする」をクリックするとマクロが有効になる（図 B）．

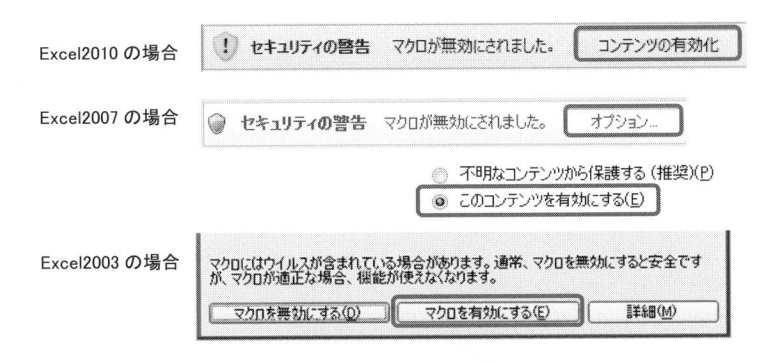

図 B　マクロの有効化

Excel でできる CVM

ここからは「Excel でできる環境評価」に含まれる各ファイルの使用方法を紹介したい．はじめに「Excel でできる CVM」は，仮想評価法の二肢選択形式のデータから支払意志額を推定するソフトウェアである．1 回だけ金額をたずねるシングルバウンドと，2 回金額をたずねるダブルバウンドに対応している．また支払意志額の要因を分析するフルモデルも扱うことが可能である．

1. ファイル「CVM.xls」をダブルクリックする

セキュリティ警告が表示されたら前述のようにマクロを有効化する．

2. シングルバウンドの推定

1 回だけ金額を提示するシングルバウンドの場合は，以下のワークシートのいずれかを用いる．

(1) シングルバウンド ロジット
(2) シングルバウンド ワイブル
(3) シングルバウンド ノンパラ

例えば,「シングルバウンド ロジット」の場合は,図 C の画面が表示されるので,データ入力エリアに提示額,Yes 回答数,No 回答数を入力する.「変化させるセル」に初期値を入力するが,そのままでもかまわない.入力が完了したら,「推定開始」ボタンをクリックすると,推定が開始される.「リセット」をクリックすると元に戻る.

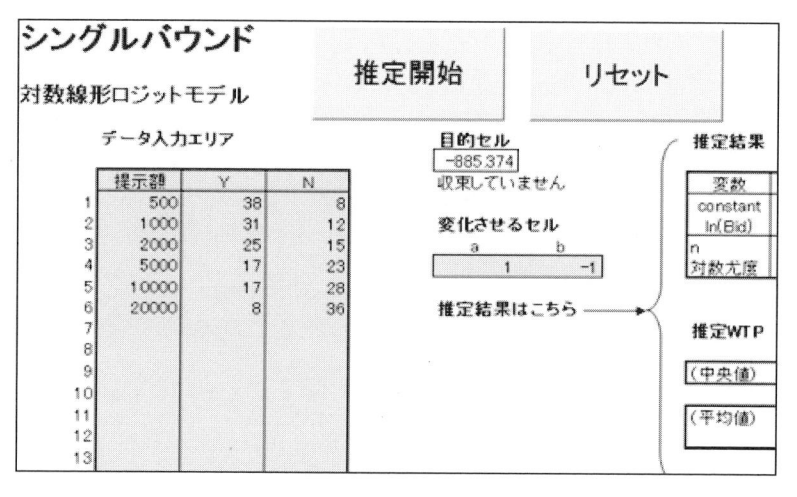

図 C　データの入力（シングルバウンド）

図 D が推定結果である.変数の constant は定数項,ln(Bid) は提示額の対数値を意味する.係数は推定された値で,この値が高いほど回答者の効用（満足度）が高いことを意味する.constant は環境改善により変化する効用を意味するので符号はプラスとなるはずである.ln(Bid) は負担額を意味するので符号はマイナスとなるはずである.もしも,この符号が正しくない場合は,回答者はシナリオを理解していないことを意味する.

t 値は各変数の統計的な信頼性を意味する.t 値の絶対値（符号をとった

推定結果

変数	係数	t値	p値
constant	8.6052	27.729	0.000 ***
ln(Bid)	-1.1335	-27.988	0.000 ***
n	1200		
対数尤度	-1846.235		

推定WTP

(中央値)	1,981	
(平均値)	15,182	裾切りなし
	4,367	最大提示額で裾切り

図D　推定結果（シングルバウンド ロジット）

もの）が大きいほど信頼性が高い．p 値は各変数が影響していない確率（係数が 0 となる確率）を意味する．最後の星印 * は有意水準を意味している．*** は 1% 水準，** は 5% 水準，* は 10% 水準で有意を意味する．もしも，* が 1 つも付いていない場合は，その変数は統計的に意味のある影響を及ぼしていないと判断される．

　N はサンプル数である．対数尤度はモデルの当てはまりを示すもので数値が大きいほど（符号を取り除いた値が小さいほど）モデルの精度が高いことを意味する．

3. ダブルバウンドの推定

　2 回金額を提示するダブルバウンドの場合は，以下のワークシートのいずれかを用いる．

　(4) ダブルバウンド ロジット
　(5) ダブルバウンド ワイブル

(6) ダブルバウンド ノンパラ

例えば，「ダブルバウンド ロジット」の場合は，図 E の画面が表示されるので，データ入力エリアに提示額と回答を入力する．「T1」は最初の提示額，「TU」は 2 回目の上昇させた提示額，「TL」は 2 回目の低下させた提示額である．「YY」は 2 回とも Yes の回答数，「YN」は最初は Yes で 2 回目は No の回答数，「NY」は最初は No で 2 回目は Yes の回答数，そして「NN」は 2 回とも No の回答数である．入力が完了したら，「推定開始」ボタンをクリックすると，推定が開始される．推定結果の解釈はシングルバウンドと同様である．

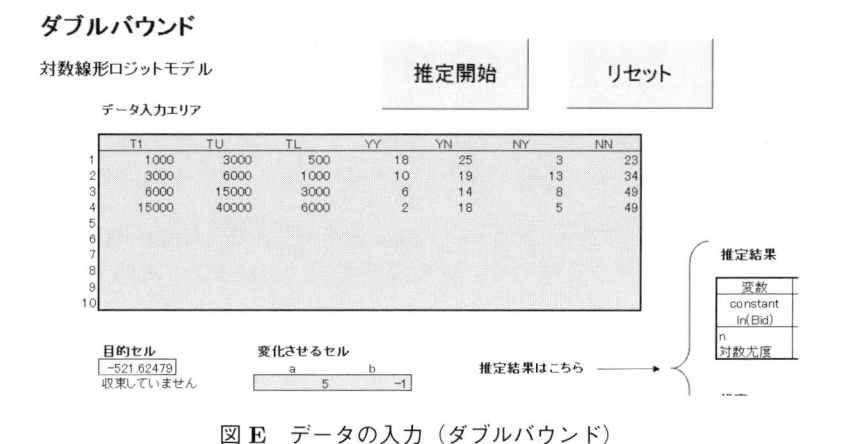

図 E　データの入力（ダブルバウンド）

4. フルモデルの推定

支払意志額の要因を分析するにはフルモデルを用いる．フルモデルでは以下のワークシートを用いる．

(7) フルモデル用データ
(8) フルモデル シングル
(9) フルモデル ダブル

まず，図 F の画面の「フルモデル用データ」のシートにデータを入力する．シングルバウンド形式，ダブルバウンド形式のいずれの場合もこのシートを使う．「サンプル数」に回答者の人数を入力する．「無効回答コード」には－999 が入力されているが，説明変数が無効回答のときは該当の場所に－999 を入力する．あとは，シートに書かれている説明のとおりにデータを入力する．

図 F　データの入力（フルモデル）

推定するモデルの設定はシングルバウンド形式の場合は「フルモデル シングル」，ダブルバウンド形式の場合は「フルモデル ダブル」を用いる．モデルに含める説明変数は，「モデルに含める」の部分に「1」を入力し，含めない場合は「0」を入力する．そして「推定開始」をクリックすると推定が実行される（図 G）．

Excel でできるトラベルコスト（カウントモデル）

「Excel でできるトラベルコスト（カウントモデル）」は訪問回数と旅行費用から訪問の価値を推定するソフトウェアである．現地で訪問者を対象にデータをとるオンサイトサンプリングと，ランダムに一般市民を対象にデータをとるオフサイトサンプリングに対応している．

フルモデル シングルバウンド

対数線形ロジットモデル

目的セル -177.485

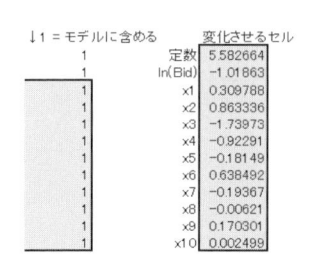

↓1 = モデルに含める		変化させるセル
1	定数	5.582664
1	ln(Bid)	-1.01863
1	x1	0.309788
1	x2	0.863336
1	x3	-1.73973
1	x4	-0.92291
1	x5	-0.18149
1	x6	0.638492
1	x7	-0.19367
1	x8	-0.00621
1	x9	0.170301
1	x10	0.002499

推定開始 リセット

推定結果

変数	係数	t値	p値
constant	5.5827	4.115	0.000 ***
ln(Bid)	-1.0186	-5.694	0.000 ***
x1	0.3098	1.128	0.260
x2	0.8633	3.065	0.002 ***
x3	-1.7397	-6.033	0.000 ***
x4	-0.9229	-3.288	0.001 ***
x5	-0.1815	-0.653	0.514
x6	0.6385	6.260	0.000 ***
x7	-0.1937	-2.025	0.044 **
x8	-0.0062	-0.062	0.951
x9	0.1703	1.730	0.084 *
x10	0.0025	6.154	0.000 ***
n	400		
対数尤度	-177.4851		

図 G　フルモデルの推定

1. ファイル「TCM_Count.xls」をダブルクリックする．

　セキュリティ警告が表示されたら前述のようにマクロを有効化する．

2. データを入力

　「データ」ワークシートにデータを入力する．ワークシートに入力されている値を参考に，「ID」，「訪問回数」，「旅行費用」，「説明変数」をこの順番に入力する．

3. 設定および分析

　「設定」ワークシートで設定を行う．サンプル数を入力する．「欠損値」には－999が入力されているが，説明変数が無効回答のときは該当のデータに－999を入力する．現地で訪問者を対象に調査したときは「オンサイトサンプル」に「1」を入力する．モデルに含める説明変数は，「モデルに含める」の部分に「1」を入力し，含めない場合は「0」を入力する．そして「推定開始」をクリックすると推定が実行される（図 H）．

カウントモデル 設定画面

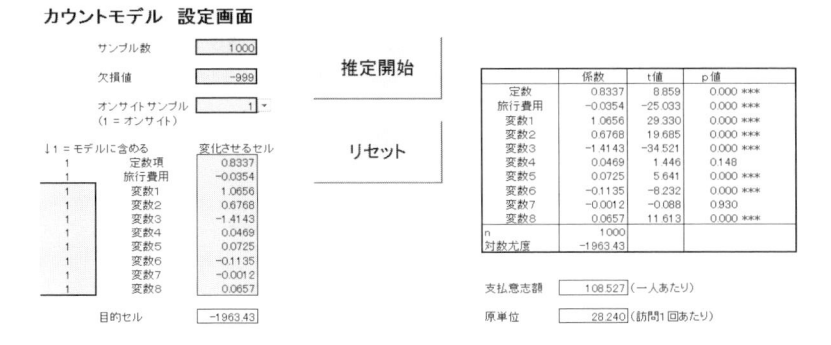

		係数	t値	p値
	定数	0.8337	8.859	0.000 ***
	旅行費用	-0.0354	-25.033	0.000 ***
	変数1	1.0656	29.330	0.000 ***
	変数2	0.6768	19.685	0.000 ***
	変数3	-1.4143	-34.521	0.000 ***
	変数4	0.0469	1.446	0.148
	変数5	0.0725	5.641	0.000 ***
	変数6	-0.1135	-8.232	0.000 ***
	変数7	-0.0012	-0.088	0.930
	変数8	0.0657	11.613	0.000 ***
n		1000		
対数尤度		-1963.43		

支払意志額　108.527（一人あたり）
原単位　28.240（訪問1回あたり）

図H　Excelでできるトラベルコスト（カウントモデル）の推定

Excelでできるトラベルコスト（マルチサイトモデル）

「Excelでできるトラベルコスト（マルチサイトモデル）」は訪問地の選択行動と旅行費用から訪問の価値を推定するソフトウェアである．

1. ファイル「TCM_RUM.xls」をダブルクリックする．

セキュリティ警告が表示されたら前述のようにマクロを有効化する．

2. データを入力

「データ」ワークシートにデータを入力する．ワークシートに入力されている値を参考に，回答者ID，訪問したサイト（choice），そして各サイトの旅行費用（TC）と環境属性（SP）を入力する（図I）．図Jが推定結果である．

3. 設定および分析

「設定」ワークシートで設定を行う．サンプル数，サイト数，データの属性数を入力する．データの属性数は「データ」ワークシートに入力されている各サイトの属性（旅行費用および環境属性）の数である．定数項（ASC）は「0」にする．モデルに含める説明変数は，「モデルに含める」の部分に「1」を入力し，含めない場合は「0」を入力する．そして「推定開始」をクリック

図 I　Excel でできるトラベルコスト（マルチサイトモデル）のデータ

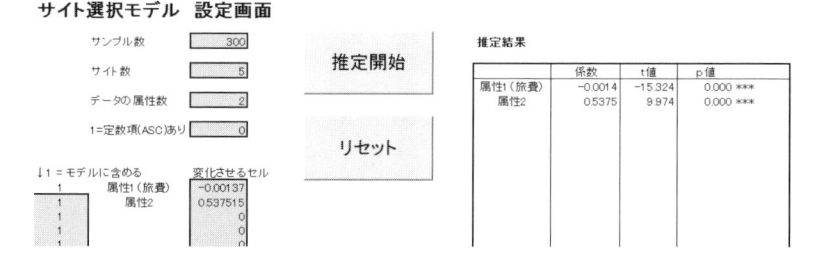

図 J　Excel でできるトラベルコスト（マルチサイトモデル）の推定

すると推定が実行され，各属性の単位当たりの支払意志額が表示される．

Excel でできるコンジョイント（選択型実験）

「Excel でできるコンジョイント（選択型実験）」は選択型実験のプロファイルを作成し，回答データから環境価値を推定するソフトウェアである．
1. ファイル「Conjoint_CE.xls」をダブルクリックする．
　セキュリティ警告が表示されたら前述のようにマクロを有効化する．
2. プロファイルデザインを実施する．
　「デザイン」ワークシートでプロファイル（代替案）デザインを行う（図K）．設定エリアで属性・水準を入力する．水準は数値でも文字でもかまわない．その他の設定も入力すると，右側にプロファイルが生成される．

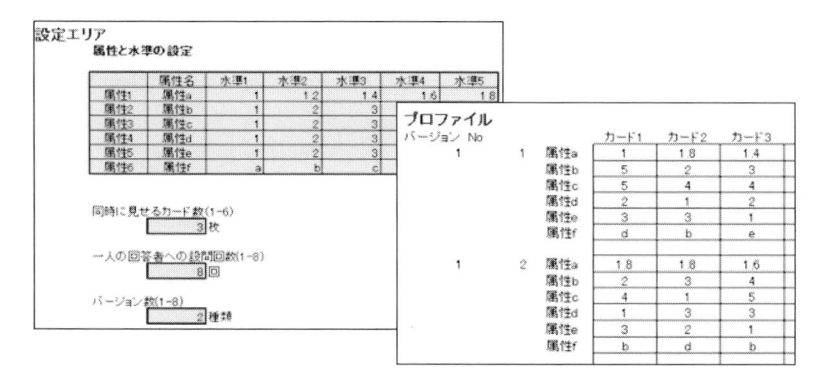

図K　プロファイルデザインの設定

3. データを入力

「データ」ワークシートにデータを入力する．ワークシートに入力されている値を参考に，回答者ID，選択された代替案（選択），そして各代替案の金額とその他の環境属性を入力する（図L）．

図L　Excelでできるコンジョイント（選択型実験）のデータ

4. 設定および分析

「設定」ワークシートで設定を行う．サンプル数，代替案数，データの属性数を入力する．データの属性数は「データ」ワークシートに入力されている

各代替案の属性（金額および環境属性）の数である．定数項（ASC）は通常は「0」でもかまわないが，定数項（ASC）をモデルに含めるときは「1」にする．モデルに含める説明変数は，「モデルに含める」の部分に「1」を入力し，含めない場合は「0」を入力する．そして「推定開始」をクリックすると推定が実行され，各属性の限界支払意志額（1単位当たりの支払意志額）が表示される（図M）．また，右側の「市場シェア・政策支持率とWTP」のところで各代替案を入力すると，環境政策の政策支持率や支払意志額（WTP）を分析できる（図N）．

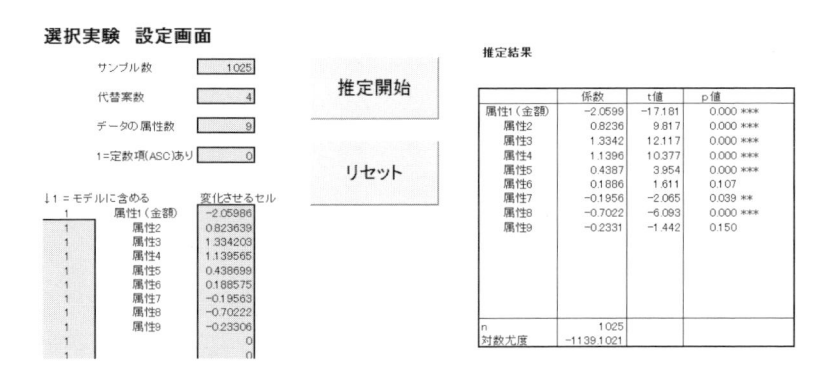

図M　Excelでできるコンジョイント（選択型実験）の推定

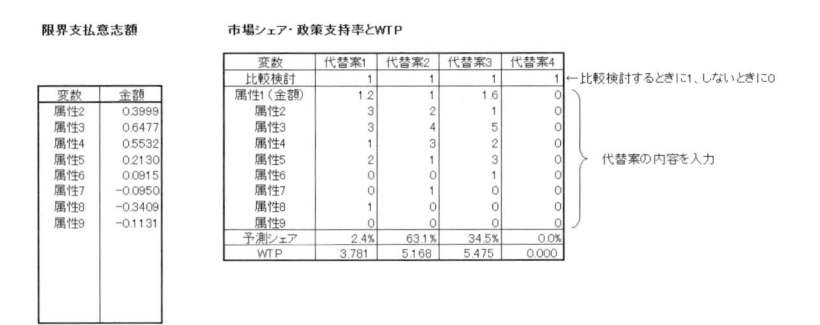

図N　政策分析

応用（上級者向け）

「Excelでできる環境評価」は初心者向けに作成したため，データや設定部分以外は修正できないようにワークシートを保護している．ワークシートやマクロを修正するためにはパスワードが必要である．パスワードは「U4cS3L2J2Q9WxA」である．ワークシートやマクロを修正すると，正しく推定できない可能性があるので注意されたい．

練習問題の解答

第1章

1. サンゴ礁の価値
   - 直接利用価値：サンゴ加工品
   - 間接利用価値：サンゴ礁でのダイビング
   - オプション価値：将来行うであろうサンゴ礁でのダイビング
   - 存在価値：サンゴ礁が存在するという事実
   - 遺産価値：子や孫がサンゴ礁でダイビングしたり，サンゴ礁が存在することをよろこばしく感じたりすること
2. 環境変化に対する説明内容（シナリオ）により評価結果が影響を受けやすく，適切にシナリオを設計しなければ評価結果の歪み（バイアス）が発生することなどが指摘できる．詳細は第7章の内容（特に「バイアスとその対策」）を参照されたい．

第2章

1. 無差別曲線が示す評価額
   - 左上：森林が30haから20haに減少する環境悪化に対する受入補償額が40万円であることを示している．
   - 右上：森林が30haから50haに増加する環境改善に対する支払意志額が30万円であることを示している．
   - 左下：森林が30haから20haに減少する環境悪化を回避するこ

とに対する支払意志額が40万円であることを示している．
- 右下：森林が30haから50haに増加する環境改善を中止することに対する受入補償額が30万円であることを示している．

2. 効用，支払意志額，受入補償額の計算

1) 100（効用に単位はない）
2) 400
3) 野鳥の生息数が10匹，所得が100万円の状況と，野鳥の生息数が20匹，所得が25万円の状況はともに効用水準は100であるから，野鳥の生息数が10匹から20匹へと増加することに最大支払ってもかまわない金額（支払意志額）は75万円となる．
4) 野鳥の生息数が10匹，所得が4万円の状況と，野鳥の生息数が2匹，所得が100万円の状況はともに効用水準は4であるから，野鳥の生息数が2匹になることを回避して，10匹を維持するために最大支払ってもかまわない金額（支払意志額）は96万円となる．
5) 野鳥の生息数が20匹，所得が100万円の状況と，野鳥の生息数が10匹，所得が400万円の状況はともに効用水準は400であるから，野鳥の生息数が10匹から20匹へと増加することが中止することを受け入れるために必要となる最少の金額（受入補償額）は300万円となる．
6) 野鳥の生息数が10匹，所得が100万円の状況と，野鳥の生息数が2匹，所得が2,500万円の状況は，ともに効用水準は100であるから，野鳥の生息数が10匹から2匹へと減少することを受け入れるために必要となる最少の金額（受入補償額）は2,400万円となる．

第3章

1. ミネラルウォーターの消費量と所得の相関係数：0.623（ある程度関係がある）
2. 回帰分析の推定結果
    - 切片：11.856（p 値 0.000）
    - 水質の係数：-1.234（p 値 0.000）
    - 所得の係数：$6.238*10^{-3}$（p 値 0.000）
3. 上記の回帰分析で求められた推定式に，1段階悪化した水質と所得の値を代入すると，水質が1段階悪化した場合のミネラルウォーターの消費量（推定値）を求めることができる．この値から現在のミネラルウォーターの消費量を引いた値は，水質が1段階悪化した場合に，回答者が増加させであろうミネラルウォーターの消費量である．この消費量の平均値を計算すると 1.109ℓ となる．このことは，ミネラルウォーターの価格が80円とすると，水質が1段階悪化することで1人当たり年間88.7円の追加費用が生じることを意味する．水質が1段階悪化することが回避されることで，人口100万人分の追加費用が発生しないですむことから，その年間の価値は8,870万円と評価できる．

第4章

1. 相関係数の計算
    - 駅からの距離とスーパーからの距離の相関係数：0.741（ある程度関係がある）
    - スーパーからの距離と森林公園からの距離の相関係数：0.066
    - 森林公園からの距離と駅からの距離の相関係数：0.094
2. すべての推定結果は示さないが，駅からの距離とスーパーからの距離の変数を同時にモデルに導入した場合，推定結果が不安定となること

がわかる．これは駅からの距離とスーパーからの距離に高い相関があることが理由であると考えられる．よって分析では，どちらかの変数のみを用いるのが適当である．
3. 森林公園が存在することが住宅価格に与えている影響の評価
    - 平均推定価格（値を上から順に）：3,786.7/ 3,290.6/ 3,125.2/ 3,042.6
    - 差額（同上）：992.3/ 496.2/ 330.8/ 248.1
    - 評価額（同上）：14,884/ 14,885/ 24,810/ 44,661
    - 合計額：99,240 万円

第 5 章

1. 回帰分析の推定結果
    - 切片：2.224（p 値 0.000）
    - バードウォチングが趣味である場合 1 となるダミー変数の係数：0.096（p 値 0.000）
    - 旅行費用の係数：$-0.8742*10^{-3}$（p 値 0.000）
    - 利用者の訪問回数の平均値は 3.886 であるから，年間レクリエーション価値は「$-3.886/(-0.8742*10^{-3})\times 10,000$」より，44,449,562 円と計算される．
2. カウントモデルおよび補正を行ったカウントモデルの推定結果
    - 切片：2.181（p 値 0.000）/2.141（p 値 0.000）
    - バードウォチングが趣味である場合 1 となるダミー変数の係数：0.1487（p 値 0.011）/0.1763（p 値 0.008）
    - 旅行費用の係数：$-8.197*10^{-4}$（p 値 0.009）/ $-1.110*10^{-3}$（p 値 0.008）
    - 年間のレクリエーション価値：47,408,243 円/35,016,250 円

第 6 章

1. 条件付きロジットモデルの推定結果（「Excel でできるマルチサイトモデル」では「定数項なし」として推定している）
    - 旅行費用の係数：$-1.370*10^{-3}$（p 値 0.000）
    - 野鳥の種類の係数：0.538（p 値 0.000）
    - 野鳥 1 種類を見ることに対して追加的に支払ってもかまわない旅行費用は，「－(野鳥の種類の係数/旅行費用の係数)」より，392.4 円と計算される．

2. サイト A の確定効用 V_A は，「$\beta_{種数}$× 各サイトで観察できる野鳥の種数 $+\beta_{旅行費用}$× 各サイトまでの旅行費用$=0.538\times20+1.370*10^{-3}\times2{,}000$」より，8.01 と計算される．同様にサイト B の確定効用 V_B は 5.32，サイト C の確定効用 V_C は 7.72，サイト D の確定効用 V_D は 3.12 であり，4 つの選択肢の中からサイト A を選択する確率は，「$\exp(8.01)/\{\exp(8.01)+\exp(5.32)+\exp(7.72)+\exp(3.12)\}=0.549$」より，54.9% と推定される．

3. 同様にサイト A を選択する確率は，「$\exp(8.01)/\{\exp(8.01)+\exp(8.01)+\exp(7.72)+\exp(5.27)\}=0.356$」より，35.6% と推定される．つまり，サイト A を選択する確率は 54.9% から 35.6% に低下する．

第 7 章

現在，左上図（130 ページ）に示す 100ha の土地が違法伐採によって森林がない状況にあります．そこで，この森林に植林を行うことが検討されています．植林を行うことで，この土地は右上図に示すような状況に回復することが想定されます．ただし，今回の植林では左下図に示すような，以前のうっそうとした森林までには回復しないと考えられています．また，右下図に示すように，以前に生息していた野生動物も戻ってはこないと考えられて

います．植林費用は基金を設立することで集めます．あなたは，この植林のための基金に対して○○円支払ってもかまいませんか．ただし実際にお金を支払うと，他の商品を買ったりサービスを受けたりするお金が減ることを念頭にお答えください（二肢選択方式を想定）．

第 8 章

1. ノンパラメトリック法による推定結果
   - 支払意志額の中央値：2,000〜4,000 円
   - 支払意志額の平均値：$1,000 \times 0.7 + (2,000 - 1,000) \times 0.6 + (4,000 - 2,000) \times 0.4 + (8,000 - 4,000) \times 0.2 + (16,000 - 8,000) \times 0.1 = 3,700$ 円
2. シングルバウンド（ランダム効用モデルに基づいた対数線形ロジット分析）による推定結果
   - 支払意志額の中央値：2,513 円
   - 支払意志額の平均値：4,764 円（最大提示額で据切り）

第 9 章

1. 考えられる問題点（主要なもの）
   - 湿原の重要性を強調しすぎている
   - ある団体がどのような団体か説明がない
   - 現在の環境の状況と変化後の環境の状況が説明されていない
   - 支払意志額の質問形式が自由回答形式である
   - 回答者にとって目安になる金額が記載されている
   - 「気軽に回答してください」という記述がある（本来は提示額を支払うことにより，他の商品を買ったりサービスを受けたりするお金が減ることを述べる必要がある）

第 10 章

1. 条件付きロジットモデルによる推定結果

   干潟の面積の係数：$9.512*10^{-3}$（p 値 0.000），1 回の訪問で見られる野鳥の数の係数：0.02939（p 値 0.001），潮干狩りができるかどうかを示すダミー変数の係数：1.163（p 値 0.000），基金への支払いの係数：$-1.430*10^{-3}$（p 値 0.000）である．干潟が追加で 1ha 回復することに対する支払意志額，1 回の訪問で野鳥が追加で 1 種類見られることに対する支払意志額，潮干狩りができるようになることに対する支払意志額は，それぞれの係数を，符号に注意しながら基金への支払いの係数で除することで求めることができる．それぞれの評価額は，813 円，6.65 円，20.5 円と計算される．推定結果は定数項（ASC）を含めずに推定した結果であるが，このデータでは定数項を含めても推定結果は大きく変わらない．

2. 第 6 章の練習問題と同様に，代替案 1 の確定効用 V_1 は 0.141，代替案 2 の確定効用 V_2 は -0.928 と計算される．2 つの代替案の中から代替案 1 を選択する確率は，「$\exp(0.141)/\{\exp(0.141) + \exp(-0.928)\}=0.744$」より，74.4% と推定される．よって，代替案 1 がより望ましいと判断される．

第 11 章

1. 「10,000 円/10 万分の 1」より統計的生命の価値（VSL）は 10 億円と推定される．

2. 対象地域の人口は「200 人/10 万分の 1」より 2,000 万人，大気汚染対策の便益は「2,000 万人 ×10,000 円」より，2,000 億円と推定される．

第 12 章

1. 各年の純便益

- 現時点（0 年目）の純便益：− 205 万円
- 1 年目の純便益：210 万円
2. 各年の純便益の割引現在価値
    - 現時点（0 年目）の純便益の割引現在価値：− 205 万円（0 年目は割り引かれない）
    - 1 年目の純便益の割引現在価値：200 万円（210/1.05＝200）
3. 割引現在価値で比較すると，最終的な純便益の合計は負であるから，この事業は実施すべきではない．

さらなる学習に向けて

初級テキスト

本書と同じようなレベル，あるいは経済学の専門的な知識がなくても内容が理解できる環境評価手法に関する書籍です．

- 栗山浩一（1997）『公共事業と環境の価値―CVM ガイドブック』築地書館．
- 鷲田豊明（1999）『環境評価入門』勁草書房．
- 竹内憲司（1999）『環境評価の政策利用―CVM とトラベルコスト法の有効性』勁草書房．
- 肥田野登（1999）『環境と行政の経済評価―CVM（仮想市場法）マニュアル』勁草書房．
- 大野栄治 編著（2000）『環境経済評価の実務』勁草書房．
    - 上記 5 つの書籍は，本書とは異なる視点から環境評価手法が紹介されていますので，本書と読み比べることでより理解を深めることができます．多くの書籍は 1990 年代後半に執筆されています．本書は，環境評価手法に対する今日的な要求，研究の進展を踏まえた新しい入門書になります．
- Champ, P. A., Boyle, K. J. and Brown, T. C. (2004) *A Primer on Nonmarket Valuation* (The Economics of Non-Market Goods and Resources), Springer.
    - 本書よりも多少読みごたえがありますが，本書と同じようなレベ

ルで書かれた環境評価手法に関する洋書です．環境評価手法の中級テキストの内容を学習する前に読むには最適な書籍です．

中級テキスト

本書の内容を踏まえて，それぞれの評価手法のより詳しい内容や理論的背景について理解するためのテキストです．ほとんどのテキストはミクロ経済学と計量経済学の基礎知識を必要とします．環境評価手法を適用して修士論文を執筆したり，業務で環境評価手法を適用したりする方にはぜひとも読んでいただきたい書籍です．

- Freeman, A. M., Herriges, J. A., and Kling, C. L. (2014) *The Measurement of Environmental and Resource Values: Theory and Methods*, 3rd ed., Resources for the Future.
    - 本書の第 1 章および第 2 章の内容をより詳細に紹介しています．環境評価手法を深く理解するためには必須の書籍です．
- 栗山浩一・庄子康編著（2005）『環境と観光の経済評価—国立公園の維持と管理』勁草書房．
    - 環境と観光に書籍のテーマを当てていますが，理論編と実証編に分かれており，トラベルコスト法，仮想評価法，コンジョイント分析を包括的に学ぶことができます．本書を理解することは，下記の洋書を読むうえで大きく役に立ちます．
- Haab, T. C. and McConnell, K. E. (2003) *Valuing Environmental and Natural Resources: The Econometrics of Non-Market Valuation* (New Horizons in Environmental Economics), Edward Elgar.
    - 環境評価手法について包括的に整理された良書です．この書籍の内容を理解すれば，環境評価手法の概要を理解でき，より専門的な論文を読むうえで大きく役に立ちます．
- Mäler, K.-G. and Vincent, J. R. [eds.] (2006) *Handbook of Environmental Economics: Valuing Environmental Changes* (Volume

2), North Holland.
  – 環境経済学分野の研究についてテーマ別にレビューを行った書籍です．過去の研究から先端的な研究までコンパクトに整理されています．各章の引用文献には，各手法を理解するうえで重要な論文がならんでいます．
- Mitchell, R. C. and Carson, R. T. (1989) *Using Surveys to Value Public Goods: The Contingent Valuation Method*, Resources for the Future. ＜翻訳＞環境経済評価研究会訳（2001）『CVMによる環境質の経済評価—非市場財の価値計測』山海堂．
  – 仮想評価法について包括的に整理した書籍で，特にバイアスや調査票の設計に関しては重要な情報が記載されています．比較的古い本ですが，2000年代になって訳本が出版されているように，含まれている内容は現在でも色あせない重要なものです．
- 栗山浩一（1998）『環境の価値と評価手法—CVMによる経済評価』北海道大学出版会．
  – Mitchell and Carson (1989) と同様に，仮想評価法について包括的に整理された書籍で，本書の第1章および第2章の内容もより詳細に解説しています．特に表明選好法を理解するうえで大きく役に立ちます．
- Hensher, D. A., Rose, J. M. and Greene, W. H. (2015) *Applied Choice Analysis*, 2nd ed., Cambridge University Press.
  – 本書は基本的に入門書ではありますが，選択モデル（選択行動をモデル化する手法）を中心に紹介した書籍で，かつNLOGITと呼ばれる専門的な統計ソフトの教本にもなっています．本格的に選択モデルを適用する場合には，この書籍が役に立ちます．
- Louviere, J. J., Hensher, D. A. and Swait, J. D. (2000) *Stated Choice Methods: Analysis and Applications*, Cambridge University Press.
  – 上記の書籍同様に選択モデルを紹介した書籍ですが，特に選択型

実験を詳しく紹介しています．

上級テキスト

環境評価手法を適用した研究を行う場合や，先進的な評価手法を理解したい場合に参考になる書籍です．

- 柘植隆宏・栗山浩一・三谷羊平（2011）『環境評価の最新テクニック：表明選好法・顕示選好法・実験経済学』勁草書房．
    - 端点解モデルや空間ヘドニック法，実験経済学など，これまではとんど紹介されていなかった環境評価手法に関する最新の成果を紹介しています．環境評価手法については上級テキストはほとんど存在しないため，本格的な研究を行うための入り口としては大いに役に立ちます．上級テキストですが，内容は分かりやすく書かれており，中級テキストが理解できれば，十分に読むことができます．
- Herriges, J. and Kling, C. [eds.] (1999) *Valuing Recreation and the Environment: Revealed Preference Methods in Theory and Practice*, Edward Elgar.
    - 内容は多少古くなっていますが，出版当時は顕示選好法の最先端の手法を紹介した書籍でした．今でも応用的な手法を学ぶ際に，論文よりも詳しく説明がなされているため，理解を深めるためには重宝します．
- Scarpa, R and Alberini, A. [eds.] (2005) *Applications of Simulation Methods in Environmental and Resource Economics* (The Economics of Non-Market Goods and Resources), Springer.
    - シミュレーションに焦点を当てて環境経済学や資源経済学のトピックスについて紹介した書籍です．端点解モデルなど，先端的な手法についても紹介されています．

参考文献

[1] 栗山浩一(1997)『公共事業と環境の価値－ CVM ガイドブック』築地書館.
[2] Carson. R., Mitchell, R. Hanemann, M., Kopp, R. Presser, S. Ruud, P. (2003) "Contingent valuation and lost passive use: Damages from the Exxon Valdez oil spill" *Environmental and Resource Economics* 25(3): 257-286.
[3] 環境省・生物多様性総合評価検討委員会(2010)「生物多様性総合評価報告書」ダウンロード元：http://www.biodic.go.jp/biodiversity/shiraberu/policy/jbo/jbo/files/allin.pdf
[4] The Economics of Ecosystems and Biodiversity (2008) "The economics of ecosystems and biodiversity: An interim report"「日本語版：生態系と生物多様性の経済学(中間報告)」ダウンロード元：http://www.teebweb.org/Portals/25/Documents/TEEB-InterimReport-Japanese. pdf (日本語版の詳細情報：http://www.iges.or.jp/jp/news/topic/1103teeb.html)
[5] 林野庁(2011)「森林の有する機能の定量的評価」ダウンロード元：http://www.rinya.maff.go.jp/j/keikaku/tamenteki/con_3.html
[6] 林野庁(2000)「森林の公益的機能の評価額について」ダウンロード元：http://www.rinya.maff.go.jp/puresu/9gatu/kinou.html
[7] 総務省(2011)「家計調査」ダウンロード元：http://www.stat.go.

jp/data/kakei/index.htm
[8] 総務省（2011）「日本の統計・第 16 章：労働・賃金」ダウンロード元：http://www.stat.go.jp/data/nihon/16.htm
[9] Cesario, F. J. (1976) "Value of time in recreation benefit studies"*Land Economics* 52(1): 32-41.
[10] 総務省（2012）「家計調査」ダウンロード元：http://www.stat.go.jp/data/kakei/index.htm
[11] McFadden, D. (2001) "Economic Choices"*American Economic Review* 91(3): 351-378.
[12] 栗山浩一・庄子康 （2005）『環境と観光の経済評価：国立公園の維持と管理』勁草書房.
[13] List, J. A. and Gallet, C. (2001) "What experimental protocols influence disparities between actual and hypothetical stated values?"*Environmental and Resource Economics* 20(3): 241-254.
[14] Hoehn, J. P. and Randall, A. (1987) "A satisfactory benefit cost indicator from contingent valuation"*Journal of Environmental Economics and Management* 14(3): 226-247.
[15] Mitchell, R. C. and Carson, R. T. (1989) *Using Surveys to Value Public Goods: The Contingent Valuation Method.* Resources for the Future.
[16] Mitchell, R. C. and Carson, R. T. 環境経済評価研究会訳（2001）『CVM による環境質の経済評価―非市場財の価値計測』 山海堂.
[17] NOAA (1993) "Report of the NOAA Panel on Contingent Valuation"*Federal Register*, US, 58(10): 4601-4614.
[18] 栗山浩一 （2000）『図解 環境評価と環境会計』日本評論社.
[19] 林野庁（2011）「平成 23 年度森林・林業白書」ダウンロード元：http://www.rinya.maff.go.jp/j/kikaku/hakusyo/index.html
[20] 環境省（2011）「平成 23 年度環境白書」ダウンロード元：http://www.rinya.maff.go.jp/j/kikaku/hakusyo/index.html

[21] Boxall, P. C., Adamowicz, W. L., Swait, J., Williams, M. and Louviere, J. (1996) "A comparison of stated preference methods for environmental valuation"*Ecological Economics* 18(3): 243-253.

[22] 岸本充生（2007）"確率的生命価値(VSL)とは何か－その考え方と公的利用"日本リスク研究学会誌17(2): 29-38.

[23] 栗山浩一・岸本充生・金本良嗣（2009）"死亡リスク削減の経済的評価－スコープテストによる仮想評価法の検証"環境経済・政策研究2(2): 48-63.

[24] 栗山浩一・馬奈木俊介（2008）『環境経済学をつかむ』有斐閣．

[25] Loomis, J. B. (1996) "Measuring the economic benefits of removing dams and restoring the Elwha River: Results of a contingent valuation survey" *Water Resources Research* 32(2): 441-447.

[26] 栗山浩一（2008）『図解入門ビジネス 最新環境経済学の基本と仕組みがよーくわかる本』秀和システム．

[27] EPA (1997) "Exposure Factors Handbook (1997 Final Report)", Data retrieved from: http://cfpub.epa.gov/ncea/cfm/recordisplay.cfm?deid=12464#Download.

[28] 総務省（2007）「規制影響分析（RIA）の試行的実施状況」ダウンロード元：http://www.soumu.go.jp/main_content/000154095.pdf

[29] 柘植隆宏・栗山浩一・三谷羊平（2011）『環境評価の最新テクニック：表明選好法・顕示選好法・実験経済学』勁草書房．

[30] Murphy, J. J., Allen, P. G., Stevens, T. H. and Weatherhead, D. (2005) "A meta-analysis of hypothetical bias in contingent valuation"*Environmental and Resource Economics* 30(3): 313-325.

索 引

ア 行

IIA 仮説　106
RP/SP 結合モデル　247, 248
アンケート調査　171
遺産価値　13
インターネット調査　172
受入補償額　30–34, 110, 112, 114
Excel でできる環境評価　253
Excel でできるコンジョイント（選択型実験）　189, 262–264
Excel でできる CVM　214, 255
Excel でできるトラベルコスト（カウントモデル）　259, 261
Excel でできるトラベルコスト（マルチサイトモデル）　261, 262
エクソン・バルディーズ号の原油流出事故　4, 8, 10, 111, 126
エゾナキウサギ　120
EVRI　250
エルワダム　228
沿岸生態系　11
Envalue　152, 250
オハイオ裁判　127
オフサイトサンプリング　98, 168
オプション価値　13
オンサイトサンプリング　168
温情効果　123, 155, 158

カ 行

回帰分析　45, 57, 63, 66, 81, 83
開始点バイアス　119, 163
回答理由　157
海洋生態系　5
カウントモデル　85
確定効用　101, 188
仮説的補償原理　222
仮想評価法　7, 14, 110, 127, 150, 199, 208, 210, 214, 216, 228
仮想ランキング　185, 186
片対数型　81, 83
下方バイアス　145
環境規制　43, 210, 220, 235
環境サービス　26, 32, 33
環境の価値　4, 10, 11, 15, 26
環境評価　17, 242
環境評価手法　7, 10, 11, 14, 15
間接利用価値　12
完全競争市場　47, 71, 210
完全プロファイル評定型　182, 196
感度分析　227
規制の評価　235
機会費用　87, 89
聞き取り調査　152, 171
基金　155
規制影響分析　235, 237, 238
魚道整備　224, 225
空間的自己相関　242, 243
空間ヘドニック法　242, 244
google scholar　152
結合推定　105
顕示選好法　14, 15
減衰曲線　137, 140–142, 144, 165, 215
原単位による移転　249
公共事業　220, 232
公共事業の評価　231
効用　6, 7, 24, 26, 95, 101, 136, 137,

139, 141, 188, 189
効用曲面　26
効用差　139, 140
効率性　17, 220, 230, 232, 235, 245
誤差項　101, 188
個人トラベルコスト法　82, 85, 86
混合ロジットモデル　247
コンジョイント分析　176, 181

サ　行

財　24
再生費用法　41-43, 47, 49
指し値曲線　60-62
サブサンプル　145, 247
サンプリング　168
サンプル数　143, 163, 171, 198
GeNii　152
時間選好　223
市場　6
市場価格　6, 47, 51
市場メカニズム　5-7
実験経済学　251
質問形式　115, 182
シナリオ　111, 152
シナリオの伝達ミス　119
支配プロファイル　194, 196
支払意志額　9, 28, 29, 32-34, 100, 110, 112, 113, 132, 135, 137, 141, 180, 191, 213, 214, 249
支払意志額による移転　249, 250
支払カード形式　116, 132, 163
支払手段　155
死亡リスク　205, 208, 209, 217
シマフクロウ　154, 177
自由回答形式　115, 132
受動的利用価値　13
順序効果　217
条件付きロジットモデル　94, 96, 101, 106, 176, 188, 190
消費者余剰　78, 81, 83

審議型貨幣評価　244
シングルサイトモデル　77, 80, 86, 104, 244
シングルバウンド　138, 141, 142, 171, 255-257
シンボリック・バイアス　119, 120
信頼区間　165, 217
森林認証　186
水準　181, 191, 192
スコープテスト　123
据切り　137, 142, 214
税金　155
政策分析　264
生存分析　134
生態系　5, 10, 16, 224
生物多様性　10, 150, 164
生物多様性総合評価　10
生物多様性の経済学　16
選好の多様性　246, 247
潜在クラスモデル　247
潜在的パレート改善　222
選択確率　97, 100-102, 189
選択型実験　176, 179, 180, 183, 185, 186, 196, 199, 247, 248
選択行動　95, 96, 107, 136, 244
選択セット　182, 189, 196, 198
戦略バイアス　118
属性　181, 191, 192
存在価値　13
ゾーントラベルコスト法　80, 84, 86

タ　行

大気浄化法　207, 235, 236
対数線形ロジットモデル　139, 140, 214, 215
代替案　178, 180-182, 189, 191, 193, 196, 197, 262
代替案のデザイン　192, 193, 198
代替財　47, 50
代替法　14, 40, 41, 50, 51

索　引

多重共線性　68, 70, 193, 194
ダニエル・マクファデン　96
ダブルバウンド　143, 144, 167, 171, 214, 215, 257, 258
ダミー変数　188
端点解モデル　244
地球温暖化対策　70, 223, 225, 226
中央値　132, 135–138, 141, 147, 166
調査票　150, 160, 161
直接利用価値　12
直交配列　194, 196
直交表　195
付け値曲線　59–62, 68, 69
付け値ゲーム形式　115, 132, 163
t 値　141, 190, 256
TEEB　16
抵抗回答　157, 158, 217
提示額　134, 136, 138, 163, 165
電話調査　172
統計的生命の価値　204–207, 210, 215, 216
土地総合情報ライブラリー　67
ドットによる表現　213
トラベルコスト法　14, 76, 244
トリクロロエチレン　43
取引費用　71, 210
トレードオフ　96, 180

ナ　行

二肢選択形式　116, 118, 133, 134, 138, 140, 143, 165, 166, 213
NOAA ガイドライン　126, 127, 157
NOAA パネル　126
ノンパラメトリック法　134, 136

ハ　行

バイアス　112, 117–119, 122, 251
パラメトリック法　134, 136
パレート改善　221, 222
パレート効率性　221

ハロルド・ホテリング　76, 80
範囲バイアス　119, 163
p 値　141, 190, 257
干渇　11
費用効果分析　227, 230
費用対効果分析　234
費用便益分析　16, 220–227, 229, 231, 234
表明選好法　14, 15
非利用価値　12, 13, 15, 111, 168, 181
フォーカス・グループ　164
不確実性　226, 227
賦存効果　34
部分全体バイアス　120, 121
フルモデル　143, 146, 217, 247, 258–260
プレテスト　125, 159, 162, 163, 168, 199
ブロック分け　197
プロファイル　181
プロファイルデザイン　262, 263
ペアワイズ評定型　183
平均値　132, 135–138, 142, 147
ヘドニック価格関数　244
ヘドニック価格曲線　58–62, 66, 68, 69
ヘドニック住宅価格法　57, 58, 62, 68–70
ヘドニック賃金曲線　208, 209
ヘドニック賃金法　208–210
ヘドニック法　14, 56
便益移転　249
便益関数による移転　250
便益の集計　147, 153
防御支出法　41, 42, 49, 208
包絡線　60, 61

マ　行

マクロ　255
マルチサイトモデル　77, 94, 95, 103, 104, 136, 176, 244, 247, 248

無差別曲線　25, 27, 29–31
野生鳥獣保護機能　51
郵送調査　172
油濁法　126

ラ 行

ランダム効用モデル　134, 136, 138, 139
ランダムサンプリング　103, 168
リスク　205, 211
リスクのものさし　212, 216
利用価値　12

旅行費用　77, 82, 83, 87, 102
倫理的満足　123
レクリエーション需要曲線　77, 79, 81–83
ロジットモデル　138, 139

ワ 行

割引　223
割引現在価値　223–225, 227
割引率　50, 223–225

著者紹介

栗山 浩一（くりやま　こういち）

1967 年　大阪府生まれ
1992 年　京都大学農学部 農林経済学科 卒業
1994 年　京都大学大学院農学研究科 農林経済学専攻 修士課程修了
　　　　　北海道大学農学部 森林科学科 助手
1999 年　早稲田大学政治経済学部 専任講師
2001 年　早稲田大学政治経済学部 助教授
2004 年　早稲田大学政治経済学術院 助教授
2006 年　早稲田大学政治経済学術院 教授 を経て
現　在　京都大学農学研究科生物資源経済学専攻 教授　博士（農学）

柘植 隆宏（つげ　たかひろ）

1976 年　奈良県生まれ
1998 年　同志社大学経済学部 卒業
2000 年　神戸大学大学院経済学研究科 博士課程前期課程修了
2003 年　神戸大学大学院経済学研究科 博士課程後期課程修了
　　　　　高崎経済大学 地域政策学部 講師
2007 年　甲南大学経済学部 准教授
2014 年　甲南大学経済学部 教授 を経て
現　在　上智大学大学院地球環境学研究科 教授　博士（経済学）

庄子 康（しょうじ　やすし）

1973 年　宮城県生まれ
1997 年　北海道大学農学部 森林科学科卒業
1999 年　北海道大学大学院農学研究科 林学専攻 修士課程修了
2000 年　日本学術振興会 特別研究員 DC2
2002 年　北海道大学大学院農学研究科 環境資源学専攻 博士後期課程修了
2003 年　日本学術振興会 特別研究員 PD
2005 年　北海道大学大学院農学研究科 森林政策学分野 助手
2006 年　北海道大学大学院農学研究院 森林政策学研究室 助手
2007 年　北海道大学大学院農学研究院 森林政策学研究室 助教
現　在　北海道大学大学院農学研究院 森林政策学研究室 准教授　博士（農学）

初心者のための環境評価入門

2013 年 2 月 20 日　第 1 版第 1 刷発行
2023 年 3 月 20 日　第 1 版第 4 刷発行

著者　栗山　浩一
　　　柘植　隆宏
　　　庄子　康

発行者　井村　寿人

発行所　株式会社 勁草書房

112-0005　東京都文京区水道 2-1-1　振替 00150-2-175253
（編集）電話 03-3815-5277／FAX 03-3814-6968
（営業）電話 03-3814-6861／FAX 03-3814-6854
三秀舎・中永製本所

©KURIYAMA Koichi, TSUGE Takahiro, SHOJI Yasushi 2013

ISBN978-4-326-50372-8　Printed in Japan

JCOPY　〈出版者著作権管理機構　委託出版物〉
本書の無断複製は著作権法上での例外を除き禁じられています。
複製される場合は、そのつど事前に、出版者著作権管理機構
（電話 03-5244-5088、FAX 03-5244-5089、e-mail: info@jcopy.or.jp）
の許諾を得てください。

＊落丁本・乱丁本はお取替いたします。
　ご感想・お問い合わせは小社ホームページから
　お願いいたします。

https://www.keisoshobo.co.jp

柘植隆宏・栗山浩一・三谷羊平
環境評価の最新テクニック
表明選好法・顕示選好法・実験経済学

A5判 3,520円
50357-5

総合地球環境学研究所環境意識プロジェクト 監修／吉岡崇仁 編
環境意識調査法
環境シナリオを評価する人びとの選好

A5判 2,420円
50326-1

鷲田豊明［オンデマンド版］
環境政策と一般均衡

A5判 4,950円
98425-1

鷲田豊明
環境評価入門

A5判 3,080円
50162-5

竹内憲司
環境評価の政策利用
CVMとトラベルコスト法の有効性

A5判 3,300円
50160-1

N.ハンレー, J.ショグレン, B.ホワイト／(財)政策科学研究所環境経済学研究会訳
環境経済学
理論と実践

A5判 6,050円
50269-1

―― 勁草書房

＊表示価格は2023年3月現在，消費税（10%）は含まれています。